Aerogel insulating glass unit

气凝胶节能玻璃，原来如此

耿 平　主编

中国建材工业出版社

图书在版编目（CIP）数据

气凝胶节能玻璃，原来如此 / 耿平主编. --北京：
中国建材工业出版社，2017. 4
ISBN 978-7-5160-1811-8

Ⅰ. ①气… Ⅱ. ①耿… Ⅲ. ①气凝胶—建筑玻璃
Ⅳ. ①TQ171. 72

中国版本图书馆 CIP 数据核字（2017）第 060397 号

内 容 简 介

本书讲述了气凝胶在隔热保温方面的独特优势，以及它在各领域的应用，同时介绍了气凝胶玻璃的节能效果。本书是玻璃行业第一本介绍气凝胶节能玻璃的图书，旨在科普气凝胶知识，推广气凝胶玻璃。

本书文风活泼，通俗易懂，可供从事气凝胶产品研发人员阅读，也可为节能领域相关企业提供创新思路。

气凝胶节能玻璃，原来如此

耿平　主编

出版发行：中国建材工业出版社
地　　址：北京市海淀区三里河路 1 号
邮　　编：100044
经　　销：全国各地新华书店
印　　刷：北京雁林吉兆印刷有限公司
开　　本：710mm × 1000mm　1/16
印　　张：8. 5
字　　数：82 千字
版　　次：2017 年 4 月第 1 版
印　　次：2017 年 4 月第 1 次
定　　价：68. 80 元

本社网址：www. jccbs. com　　微信公众号：zgjcgycbs

本书如出现印装质量问题，由我社市场营销部负责调换。联系电话：（010）88386906

Aerogel insulating glass unit

序言

早在19世纪30年代，气凝胶就被研制出来，并在航空领域大显身手，帮助人类探索外太空，是NASA用来捕捉“星尘”的功臣。气凝胶是已知的最轻的固体材料之一，密度仅为水的十分之一，特别是具有导热系数极低、耐高温、防爆等天然特性，在绝热保温、防火防爆、隔声降噪等方面极具禀赋，在航空航天、国防军工、绿色建筑、新能源、环境治理、太阳能热利用等领域有着广阔的应用前景，也因此引众多发达国家争相投入巨资进行研发。

很长一段时间，气凝胶价格持续高昂，无法形成量产，在隔热保温方面的“天分”远远没有发挥出来，也预示着气凝胶在节能领域的应用存在巨大机遇。国内众多产学研机构一直致力于气凝胶的研究开发，逐渐改变了气凝胶材料高不可攀的局面，使它成为本世纪最有前途的节能材料之一。可喜的是，依靠玻璃行业研究者的不懈努力，气凝胶在玻璃行业的应用取得进展，气凝胶玻璃以其优异的节能特性，必将在节能领域大放异彩。

气凝胶节能的时代脚步越来越近了。气凝胶节能材料的研发和应用，是我国节能领域取得突破性进展的动力。这种神奇的材料需要被大众认知，从而促使越来越多的人关注它、研究它、应用它，要让人们知道，气凝胶玻璃在建筑上的应用可以让我们的室内更舒适、更安静、更安全，从而大幅度节省能源消耗。

该书由玻璃行业专家耿平同志编写，介绍了气凝胶的天然特性以及在多个领域的应用，同时分析了气凝胶玻璃的性能优势，旨在科普气凝胶知识、推广气凝胶玻璃。和其他科技著作不同的是，该书没有过多的专业术语，没有繁杂的理论数据，内容有趣，文风活泼，通俗易懂，十分耐读，对气凝胶感兴趣的人，无论行业无论年龄，皆可一读。

气凝胶行业尚在发展阶段，在玻璃行业的应用才刚刚起步。本书出版的意义在于抛砖引玉、科普推广。特向行业同仁推荐，以期提供启发和参考、发现机遇。

中国建筑玻璃与工业玻璃协会 常务副会长 張佰恒

自序

若干年前，单位接到一笔气凝胶中空玻璃的订单。由于气凝胶玻璃的性能特别高，常规方法根本达不到要求，买国外的又贵又慢，也满足不了交货期的要求。单位研究决定自己研发气凝胶玻璃，通过努力，终于成功研制出了这个性能超高的新产品。当时气凝胶是很新奇的东西，不但能大大提升性能，而且能产生相当可观的附加值，后来气凝胶玻璃又申请了奖项，大家从中收益多多。从那时起，我就开始关注气凝胶的点点滴滴，并将资料收集起来，使之成为这本书的基本素材来源。这本书通过介绍气凝胶本身及其在多方面的应用实例，旨在引起大家对气凝胶的兴趣，进而激起大家想亲眼看看气凝胶、使用气凝胶这一新材料以改善自己现有产品的冲动。这本书不是气凝胶的专业书，更不是气凝胶的学术经典，只是一本介绍气凝胶的科普小册子，我尽力使这本小册子有趣、有味、有益。

气凝胶本身就是全世界高度关注的新奇材料，虽是固体，身轻似烟，貌似弱不禁风，实则防弹防爆，是被列入国家863、973

计划，也是NASA关注研究的超级航天材料，从航天飞船、航空发动机到石油化工、登山被服都有它的身影。随着气凝胶行业自身发展壮大，其产量呈爆发式增长，成本大大降低，这为气凝胶进入玻璃行业打下了基础。

创新是行业发展的动力。建筑工程玻璃从最初的单片钢化、双白中空、单银Low-E中空发展到双银、三银多腔超级中空，在满足建筑采光的最基本要求外，附加了安全、装饰、保温、防晒等多种功能，特别是在节能特性方面实现了巨大的提升。在建筑玻璃的发展中，节能特性一直被关注，一直在提高，我国很多省市已经提升到四步节能了，但玻璃节能似乎也遇到了一个瓶颈，特别是传热保温性能用常规方法很难再大幅提升，与保温墙体比较，玻璃再一次成了节能的短板。行业呼唤新工艺新材料新方法新产品，提升玻璃性能。真空玻璃、气凝胶玻璃就是这样的新产品，特别是气凝胶玻璃因引入了气凝胶这一新材料，更是独特新奇，值得关注。

以往的气凝胶玻璃属于简单的组合整合，已经大大提升了保温性能，突破了间隔层厚度限制的上限，但同时粉末状的气凝胶颗粒也使玻璃失去了透视的特性。最新的技术能够使气凝胶玻璃具有几乎和普通中空玻璃一样的外观，采光又透视，人们完全能够透过气凝胶玻璃清晰地观察玻璃背后的景物！

气凝胶玻璃可以广泛地应用在采光顶、体育场馆、采光隔断等部位，赋予建筑独特的效果。希望2022北京冬奥会场馆能用上更多的气凝胶玻璃，给大家更多美好的新奇体验。

最后，对中国建筑玻璃与工业玻璃协会、上海同济大学沈军教授和倪星元高工、中南大学的卢斌教授、南京玻纤研究院崔军主任、贵州航天乌江机电设备有限公司宋大为部长和韦中举先生、浙江纳诺姚献东总工对本书提供的支持和帮助，对中国建材工业出版社副总编辑佟令玫以及材料工程编辑部王天恒、杨娜、李春荣、张巍巍几位编辑的辛苦付出，在此一并表示衷心的感谢！

耿　平

2017 年 3 月

Aerogel insulating glass unit

目录

Aerogel insulating glass unit

1 气凝胶的天赋异禀

1.1 上天揽彗尾

浩瀚太空中，有亿万星辰，

苍茫星空里，古老神奇的是彗星，

无论稚幼的孩童，还是耄耋的老翁，

对彗星总有着一丝好奇，

甚至想探求彗星的奥秘……

其实，不光你我，就连美国航空航天局（英文缩写 NASA）也同样有着这样的好奇。他们大胆地发射了彗星探测器，想捉回来看看，它到底是一种什么样的东西，竟能如此神奇。

话说 1999 年 2 月 9 日，NASA 发射升空了一枚太空探测器——“星尘号”，探测器经过 46 亿公里的太空大旅行，飞行了 7 年，于 2006 年 1 月 15 日成功返回地球。可是有谁会想到，NASA 耗费 1.68 亿美元巨资，发射“星尘号”行星间探测器，最主要目的竟是探测维尔特二号彗星和它的彗发物质的组成成分，要把彗星捉回来开开眼，好好研究一番。这究竟是为了什么？仅仅是为了好奇么？这其中究竟包含了什么样的奇异故事呢？

如果说宇宙是起源于一次超级大爆炸，那爆炸后的宇宙是怎样一步步发展成现在的宇宙的呢？NASA 科学家相信有些彗星的粒子事实上比太阳和行星还要古老，它们形成其他星球，我们称之为“星尘”，把星尘带回地球是检验宇宙唯一的方式。原来，NASA 捉回彗星尘埃，目的是要探索宇宙起源。那么为什么会选择彗星？如何设计最关键的捉星之手？用什么手段、靠什么材料才能完好地收集到原汁原味的星尘？这一连串的故事更是引人入胜，其中最精彩的部分正是这种神奇的材料——气凝胶。下面就一一道来。

图 1.1.1　彗头

1.1.1　我们所了解的彗星

彗星在夜晚极易看到，因其后面拖着长长的大尾巴形似扫帚而很好发现和辨认。1910 年 4 月，哈雷彗星在 2300 万 km 远的地方掠过地球时，夜空极为明亮耀眼，所有人都能清晰地看到华丽回归的哈雷彗星。在古代，彗星出现时，人们会忧心忡忡，担心上天会降下什么灾难惩戒世间的人们。但实际上，彗星本身和行星、小行星、尘埃一样，都是太阳系中的一类天体，各自运行在自己的轨道上周流不停，彗星的出现如同日升月落一样平凡普通，只是恰好被地球人看到了而已，和福祸没有半点关联。不安的人们还真是多虑了，可谓庸人空惧彗，杞人徒忧天。

天文学证实，彗星由彗头、彗尾组成，其尺寸非常巨大。彗星最前端的大圆头叫做彗头，彗头的直径可以达到几十万千米，而太阳系八大行星中最大的木星直径约为 14 万千米。人们所看到的彗星，其实是被太阳加热了的彗头中直径仅有几千米的固体部分（彗核）释放出的密度极低的气体而已。在大多数情况下，这些气体的密度比地球上实验室所能达到的真空还要低，但它们却具有良好的反射阳光的能力，因此看上去很亮。当气体从彗头被释放出来之后，太阳风——太阳发出的带电粒子流——就会把它吹向后方形成彗尾。太阳风的速度非常快，远远大于彗星的运动速度，因此彗尾会笔直地向后延伸出去。太阳风还会电离这些气体，太阳风中的磁场会把产生的离子搜集到一起并且拽着它们一起运动。当电子和这些离子重新结合的时候就会发出蓝光。和气体一起从彗核吹出来的还有尘埃，其中包含有硅酸盐、矿物以及其他稳定的物质。这些物质的密度要比气体高得多，因此不会屈从于太阳风的摆布，这就是人们看到的弯曲的彗尾。由于反射阳光，它们会呈现出黄色或者红色。所以可以看到蓝色的彗尾从彗头笔直向后延伸，而黄色的尘埃彗尾则呈弧线向外延伸很长。

表象如此，作为彗星核心的固体部分彗核又是怎样一回事呢？彗核是一个巨大冰球，冰球里面夹杂着少量的岩石、尘埃、砂砾以及氨、二氧化碳、甲烷等混合物。当彗星接近太阳时，这些冰会从固体直接升华成气体，形成彗星巨大的彗头以及长长的彗尾。每当彗星从太阳旁经过时因受热挥发逃逸大量气体，从而流失大量的物质。这里的“大量”意味着每秒数百吨，相对于一颗彗星的总质量这其实仅仅是很小的一部分，但考虑到这一过程所持续的时间以及它从太阳旁经过的次数，质量流失就会变得相当可观。因此我们看到的彗星都在慢慢地“溶解”变小。就算是壮观的哈雷彗星也终有一天会冰崩瓦解成石块、砂砾、尘埃和气体，从而像一颗寻常的流星一样消失在茫茫夜空。所以说，观测彗星也要“趁早”。

实际上，太阳系和太阳系内的一切都源自于一团星际气体和尘埃云，也就是说太阳在最初的时候就是一颗很大的彗星，由此推知，现在的彗星和几十亿年前的太阳类似，所以探索彗星就非常重要了。通过研究彗星能揭示太阳系诞生和地球生命起源的奥秘！而且，彗星是由太阳系诞生时的残余物质组成的，来源于太阳系外围的柯伊伯带，这里温度常年保持在零下 200 摄氏度以下，比较好地保存了 45 亿年前太阳系刚诞生时的状态。而“星尘号”飞船探测的彗星“维尔特二号”尤其具备这些特质。这颗彗星在 1974 年才被发现，到目前为止它在太阳系内圈才运行了 5 个周期，相比之下哈雷彗星已在太阳系内侧转了不少圈了。这就意味着，“维尔特二号”彗星的物质成分变动很小，大部分还保持着太阳系初生时的状态。如果采集其样本，极可能获得很罕见很重要的数据。基于以上事实和分析，NASA 启动了“星尘计划”系统工程，开始了对彗星的大胆探索行动。

1.1.2 “星尘计划”

“星尘计划”是一项繁杂的系统工程，简单地说包括目的、过程、结果及费用预算等几大部分。目的是捕捉彗星的灰尘，在彗星飞过时选其外侧尾部，巧妙地抓取彗星的尘埃，这非常类似于太极拳中的“揽雀尾”，我们就形象地称之为“揽彗尾”。然后将收集到的彗星尘埃带回地球进行研究。抓取的过程包括设计星尘探测器、发射出去、收集星尘、返回地球、深入研究。不含发射费用为 1.68 亿美元，包含发射则为 2.21 亿美元。其中如何实现无损捕获每秒 6100m 的星尘颗粒是项目的核心，更是高科技。NASA 使用了一种全新的硅基固体材料，它有海绵那样的多孔结构，99.8% 的空间被真空填充，如果这种材料被空气填充，它几乎能在空气中飘浮，这就是神奇的材料——气凝胶。当颗粒撞上气凝胶，它就被埋在材料里面，画出比自己长 200 倍的胡萝卜形的轨迹，在此期间减速停止，就像在飞机跑道上滑行制动减速一样。因为气凝胶外观微微泛蓝，

图 1.1.2　星尘号探测器

几乎透明，科学家循着入射轨迹也容易寻找到微小的星尘颗粒。

“星尘号”探测器资料如下：

生产商：洛克希德·马丁宇航公司；

尺寸：主运载仓高度1.7m；

自身重量：380kg；

最高时速：46440km/h。

1.1.3 气凝胶样品采集器

彗星尘埃和星际尘埃由超低密度气凝胶收集。超过1000cm^2的采集面积可收集各种粒子类型。

当飞船穿过彗星时，被捕获的粒子冲击速度为6100m/s，大于来复步枪子弹发射速度的9倍。尽管“星尘号”捕获的粒子比一粒沙子还小，但是高速捕获很可能改变它们的外形和化学结构，或者使它们完全被汽化。

“星尘号”于2004年1月2日飞越维尔特二号彗星（由瑞士伯尔尼大学天文学家保罗·维尔特发现），飞越彗星时从彗星彗发部分收集到彗星尘埃样品，拍摄了详细的冰质彗核图片。2006年1月15日约凌晨5：10，“星尘号”返回舱在美国犹他州大盐湖沙漠着陆，随后被送进美军基地进行研究。

“星尘号”上有一个由气凝胶材料制成的网球拍状尘埃采集器，一面捕获的是彗星物质粒子，另一面就是星际尘埃颗粒。“球拍”大约兜住了45个星际尘埃颗粒，也带回上千个彗星尘埃的样本。这些样本十分微小，因此只能在显微镜下进行研究。初步的分析要用一个月时间，但样本中包括的信息可能十年二十年都分析不完，因此 NASA 专家们把收集器的数码显微照片公开提供给网络志愿者，吸引大批的公众研究者来共同分析这些“彗星尘埃”，你或许也能看到他们的真面目，甚至你也可能把人类对彗星以及整个太阳系的认识向前推进一大步呢。

科学家们希望，本次收集的彗星物质不仅能帮助人类认识彗星的构成，还能为人类研究太阳系的历史提供物质依据。“星尘号”任务的资深观察员道恩·布朗里表示：“最近数十年，人类开发的宇宙探测器已经多次近距离掠过彗星，这无疑将为我们提供最有价值的彗星资料。”另外，英国共同参与“星尘号”项目的科学家们表示：“星尘号所收集的彗星样品将有助于更多地了解人类尚未认识清楚的宇宙历史。”

图 1.1.3　星尘号探测器

图 1.1.4　太空物质研究实验室

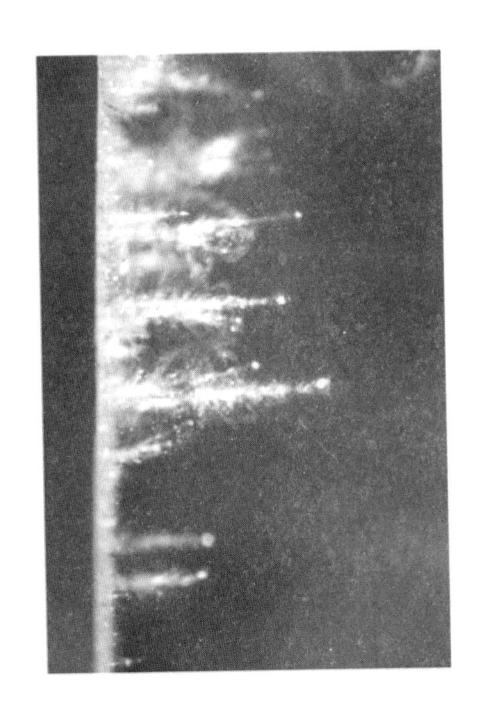

图 1.1.5　星尘被捕捉的照片

人类已经向太阳系中的多颗彗星进行了探测，它们是：

哈雷彗星：乔托探测器、维佳 1 号和 2 号探测器、先驱探测器、翠声探测器；

19P/博雷利彗星：深空1号探测器；

81P/怀尔德2号彗星：星尘探测器；

麦克诺特彗星：尤利西斯探测器；

21P/贾科比尼·青纳彗星：国际彗星探测器；

26P/葛里格·斯克杰利厄普彗星：乔托探测器；

坦普尔1号彗星：深度撞击探测器。

我们相信，人类对彗星的探索仅仅只是起步，而在捕捉彗星星尘的过程中，气凝胶发挥了最直接的作用！

1.2 落地隔热王

伴随着蒸汽机的轰鸣，人类进入了工业革命时代，生活、生产、科研、军事也进入了高速发展的高温时代。高温工作介质如蒸汽、高温尾气、高温液体乃至高温固体的温度维持、传送、防护等方方面面都离不开隔热保温，于是就涌现了各种各样材料做成的隔热毯、隔热墙，森然林立，臃肿易损。这时候，气凝胶悄然登场了，以往臃肿、破败、短命、难看的各色隔热物逐步退出，性能优异的气凝胶正在大显身手。

2001 年，一家位于马萨诸塞州诺斯伯勒的公司发现了一种海底输油管道可以使用的绝热新方法——使用气凝胶替代玻璃纤维包裹在输油管周围来保温。新方法新材料的应用使得石油管道外层的厚度减少 1/3，仅为 2cm 厚，由此降低了运输和安装成本。

为了比较不同材料的隔热好坏，我们引入导热系数。顾名思义，导热系数是指在稳定传热条件下，1m 厚的材料，两侧表面的温差为1℃时，在单位时间（1s），通过单位面积（1㎡）传递的热量，单位为瓦/米·度[W/(m·K)]。

导热系数是针对仅存在导热这一种传热形式时而言的，当同时还存在其他形式如辐射、对流和传质传热等复合形式时，通常称为有效传热系数（有效导热系数）。此外，对多孔、多层、多结构、各向异性的复杂材料，导热系数实际上是一种综合导热性能，此时则称为平均导热系数。虽然人们试图通过理论来精确计算材料的导热系数，但目前更多的是通过测试来确定。不同材料的导热系数各不相同；相同物质的导热系数因其结构、密度、湿度、温度、压力等因素也不尽相同。同一物质在含水率低、温度较低时，导热系数较小。一般来说，固体的热导率比液体的大，而液体的又要比气体的大。这种差异很大程度上是由材料分子间距不同所致。现在工程计算上使用的导热系数都是在特定的环境和条件下通过试验测定出来的，按数值大小又可分为保温材料以及高效保温材料。

1.2.1 保温材料在不同形态时的导热系数

通常把导热系数小于0.2W/(m·K)的材料称为保温材料，导热系数在0.05W/(m·K)以下的材料称为高效保温材料。为给大家提供一个具体直观的对比关系，将常见材料的热导系数按固体、液体、气体分列于下：

1. 固体

表 1.2.1　常用固体材料的导热系数

固体	温度,℃	导热系数 λ，W/（m·K）
铝	300	230
镉	18	94
铜	100	377
熟铁	18	61
铸铁	53	48
铅	100	33
镍	100	57
银	100	412
钢（1%C）	18	45
船舶用金属	30	113
青铜	—	189
不锈钢	20	16
石墨	0	151
石棉板	50	0.17
石棉	0~100	0.15
混凝土	0~100	1.28
耐火砖	—	1.04
保温砖	0~100	0.12~0.21
建筑砖	20	0.69
绒毛毯	0~100	0.047
棉毛	30	0.050
玻璃	30	1.09
云母	50	0.43
硬橡皮	0	0.15
锯屑	20	0.052
软木	30	0.043

续表

固体	温度,℃	导热系数 λ，W/（m·K）
玻璃纤维	—	0.041
85%氧化镁	—	0.070
TDD（岩棉）保温一体板	70	0.040
TDD（XPS板）保温一体板	25	0.028
TDD（真空绝热）保温一体板	25	0.006
TDD真空绝热保温板	25	0.006
ABS	—	0.25

常用的固体导热系数如上表所示，在所有固体中，金属是最好的导热体。纯金属的导热系数一般随温度升高而降低。而金属的纯度对导热系数影响很大，如含碳1%的普通碳钢的导热系数为45W/(m·K)，不锈钢的导热系数仅为16W/(m·K)。

2. 液体

在非金属液体中，水的导热系数最大，除去水和甘油外，绝大多数液体的导热系数随温度升高而略有减小。一般来说，溶液的导热系数低于纯液体的导热系数。表2列出了几种液体的导热系数值。

表1.2.2　液体的导热系数

液体	浓度	温度,℃	导热系数 λ，W/（m·K）
乙醇	80%	20	0.24
甘油	60%	20	0.38
甘油	40%	20	0.45
正庚烷	—	30	0.14

续表

液体	浓度	温度,℃	导热系数 λ，W/（m·K）
水银	—	28	8.36
硫酸	90%	30	0.36
硫酸	60%	30	0.43
水	—	30	0.62

3. 气体

气体的导热系数随温度升高而增大。在通常的压力范围内，其导热系数随压力变化很小，只有在压力大于196200kN/m^2，或压力小于2.67kN/m^2（20mmHg）时，导热系数才随压力的增加而加大。故工程计算中常可忽略压力对气体导热系数的影响。

气体的导热系数很小，故对导热不利，但对保温有利。常见的几种气体的导热系数值见表1.2.3。

表1.2.3　气体的导热系数

气体	温度,℃	导热系数 λ，W/（m·K）
氢	0	0.17
二氧化碳	0	0.015
空气	0	0.024
空气	100	0.031
甲烷	0	0.029
水蒸气	100	0.025
氮	0	0.024
氧	0	0.024

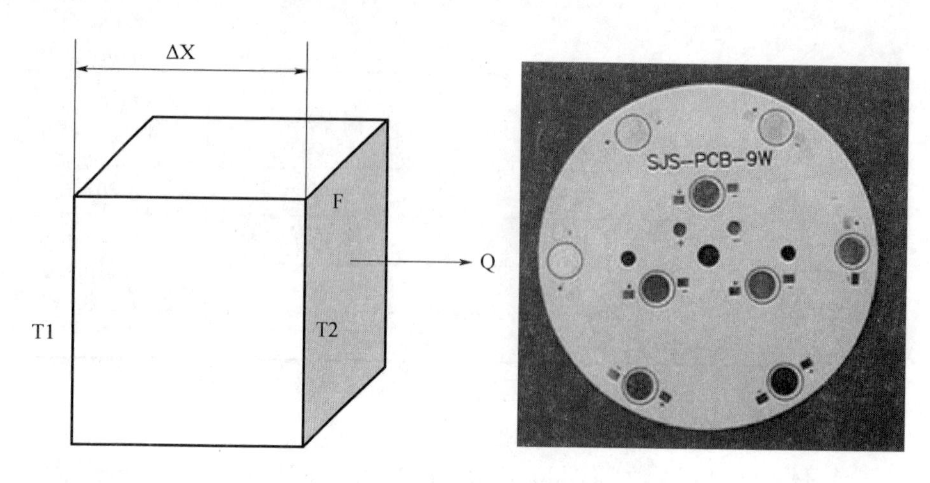

图 1.2.1　导热原理示意图

工业中的各种保温隔热管道司空见惯无处不在，集中广泛且具有代表性的应用是石油化工行业。

图 1.2.2　各种形式的隔热保温

通过以上铺垫，我们对工业保温隔热材料及其应用已经有了一个初步的框架概念。实际应用时都是通过计算提出对比方案，评审后由建设单位决策实施。

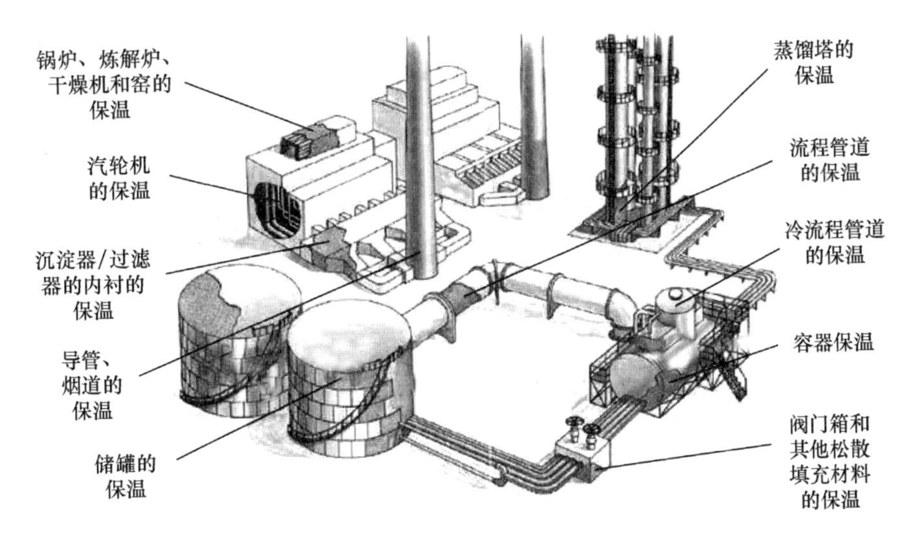

图 1.2.3　工业设备及管道的保温

图 1.2.4　采油场输送管的两种不同保温材料的对比照片

现有保温材料的主要不足是导热系数不够低，寿命比较短，且劣化明显，施工不环保，不利于施工人员的健康，由此导致总体施工慢，综合成本高。比如，导热系数高，则管道外的保温层就必须加厚，管道外径就会增大变粗，且不说挖沟或明架都增加材料和施工工作量，更主要的是因外径增大，外周围长增长，虽然管道外表面稳定达到了规定的温度值，但管道整体与环境的接触面积大了，总体散热加大，还是会影响工艺和有效传输距离的。

传统保温材料耐水耐候性差，在自然环境中的使用过程中会出现塌陷、粉化、吸水等劣化现象，使用寿命短，基本上3~5年就必须要重做，原本应该稳定进行的工业生产变成了深受气候影响的农业模式，增加了生产风险，令人苦不堪言。

1.2.2 气凝胶的保温性能

在高温段，气凝胶的热阻几乎不衰减，更不吸水，而其他的传统材料性能则下降得很厉害。

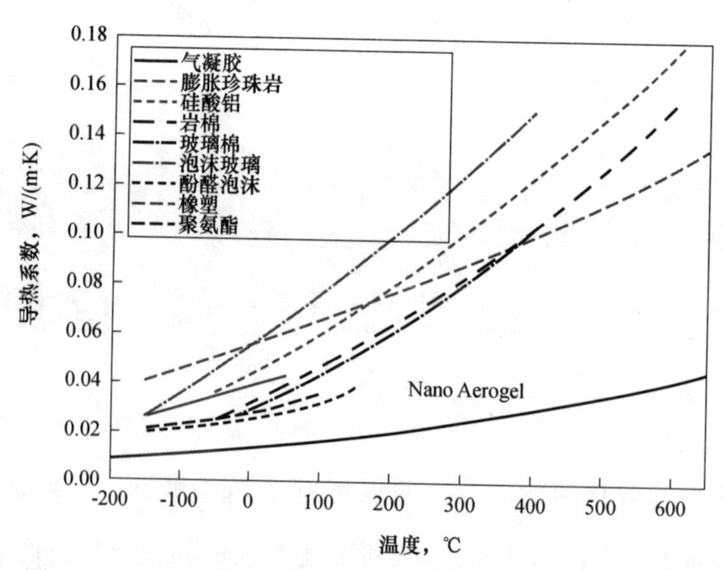

图1.2.5 不同温度下气凝胶与传统材料导热系数对比图

绝大部分的隔热保温工作环境在100℃以上，甚至达到300℃以上的高温，此时气凝胶的优势就更为明显了。气凝胶保温毯全面彻底地解决了以上种种问题，见图1.2.6。

图1.2.6　现场施工图

2014年，在国家大举发展工业稠油开采过程中，高温蒸汽的输油管道外层需要包裹保温材料。尤其在高寒地带与高温管线上，对绝热材料的性能要求更高，这正是纳米二氧化硅气凝胶产品的用武之地。在克拉玛依风城油田稠油外输高温蒸汽管道应用中，测试表明，在输油管道外层包裹传统保温材料硅酸盐瓦，其厚度是纳米气凝胶毡的数倍。传统材料为瓦状固体，不仅笨重，而且接合处连接不严密，一般每隔5年就要更换一次。气凝胶新材料不仅在绝热性能上更胜一筹，且防水性、强度延展性好，更耐用，每年每公里可为油田节约大量资金投入。

图 1.2.7　气凝胶保温毯产品的应用

气凝胶具有超长的使用寿命，使用阿伦尼乌斯研究方法测试表明，气凝胶在 350℃ 环境下使用 20 年，材料收缩率小于 1%。即气凝胶寿命可达 20 年以上。

图 1.2.8　气凝胶产品

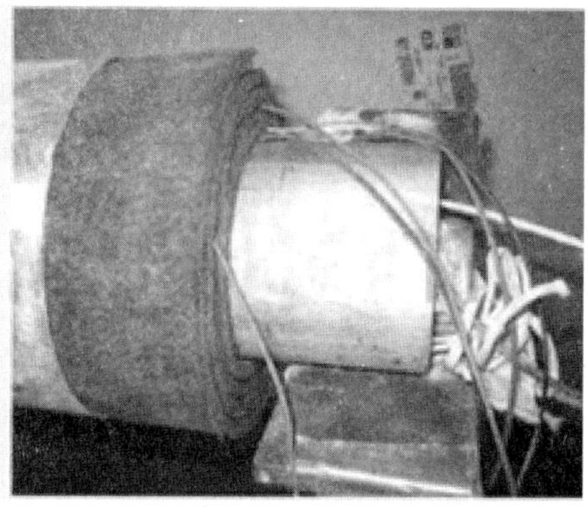

图 1.2.9　气凝胶保温性能实验

表 1.2.4　气凝胶与其他保温材料应用情况对比
［1km 管线（ϕ114）4 种方案技术指标对比］

保温方案	复合硅酸盐 100mm	气凝胶 2 层 + 复合硅酸盐 50mm	气凝胶 2 层 + 微孔硅酸钙 50mm	6mm 气凝胶 3 层	10mm 气凝胶 2 层
表面温度	40℃	38℃	37.5℃	35.5℃	35℃
保温材料总厚度	100mm	70mm	70mm	24mm	25mm
管道热流密度	203.5W/m^2	160.6W/m^2	152.1W/m^2	197.5W/m^2	196.9W/m^2
管道线热流密度	200.7W/m	128.1W/m	121.3W/m	105.1W/m	101.4W/m
节能率	—	36.10%	39.50%	47.60%	49.30%
环境温度:25℃;风速:1.0m/s					

表 1.2.5　气凝胶与其他保温材料价格对比

序号	材料名称	材料用量	材料单价	总价格
1	气凝胶隔热毡	960m^2（11.2m^3）	220 元/m^2	211200 元
2	复合硅酸盐毡	800m^2（80m^3）	400 元/m^3	32000 元
3	铝箔	800m^2	2 元/m^2	1600 元
4	玻璃网格布	2000m^2	2 元/m^2	4000 元
5	彩钢板（0.5mm）	700m^2	25 元/m^2	17500 元

表 1. 2. 6　气凝胶与其他保温材料施工成本对比
（1km 管线，管道外径 114mm）

序号	材料名称	材料用量	施工单价	施工费用
1	铝箔	$800m^2$	1. 5 元/m^2	1200 元
2	气凝胶（直管）	$1800m^2$	5 元/m^2	9000 元
3	气凝胶（弯头）	80 个（2 层）	50 元/个	4000 元
4	复合硅酸盐	$1600m^2$	5 元/m^2	8000 元
5	玻璃网格布	$2000m^2$	1. 5 元/m^2	3000 元
6	彩钢板（0. 5mm 直管）	$650m^2$	30 元/m^2	19500 元
7	彩钢板（0. 5mm 弯头）	80 个	30 元/个	2400 元
8	支座	160 个	20 元/个	3200 元

气凝胶经济效益评估：

1. 节能率达到 50%；

2. 经济效益：每米一年至少节省 300 元；

3. 造价：传统材料 2 ~ 3 年就需要更换，气凝胶材料的使用寿命至少 20 年。整体成本降低 20%。

气凝胶作为保温隔热材料，不仅仅在管道保温方面有良好的性能，更是供给侧改革的创新实例，很好地解决了传统行业的老大难问题。伴随着一路一带和海上丝路的推进，气凝胶不仅为工程技术中的保温隔热贡献力量，在国家战略发展层面也具有保护墙的价值。

1.3 登山轻似羽

为什么要登山？

因为山在那里。

这句著名的回答来自马诺里——20 世纪世界最著名的登山家。

图 1.3.1 登山图（1）

图 1.3.2　登山图（2）

在人类还没发明飞机，无法脱离地球引力之时，攀登高山是最接近天空的方式，当你看到云朵就在身边飘动，触手可及，大地就在脚下，绵延千里，你走过了五色斑斓的山脚花野，跨过了无数的沟壑山梁，于群山之巅，巍然屹立，既深感人类之渺小，又能真切感受到自身的存在，“会当凌绝顶，一览众山小”的豁达心情慨然而生，仿佛白云洗涤了自己的灵魂，寒风吹散了胸中的块垒，人的精神世界瞬间开阔。登山是勇敢者的探险活动，体现了人类向更快、更高、更强的目标奋力进取的精神。然而登山不仅仅是攀爬高峰、欣赏美景，其过程更充满着艰难和危险，甚至会危及生命。

19 世纪末以后，登山运动向竞技登山和探险登山两个方面发展。攀登 6000 ~ 7000m 以上高峰的探险登山吸引着越来越多的登山探险家。世界上第一个登山组织——英国登山俱乐部成立于1857年。1919年英国登山俱乐部宣布将从1921年开始向地球最高点珠穆朗玛峰挑战。到1938年，英国队共7次从中国西藏进入珠峰北侧进行攀登，但均告失败。喜马拉雅山脉中的珠穆朗玛峰一直是人类想要证明攀登能力的圣地。直到1953年5月29日，人类首次成功登顶珠峰，此后包括中国人在内的世界各地勇敢的登山者在珠峰顶上留下了他们的脚印。

1.3.1 气凝胶用于保暖的卓越潜力

2008年5月8日，第29届奥林匹克运动会火炬被中国健儿带上了世界最高峰——珠穆朗玛峰，使之成为奥运火炬传递史上海拔最高的火炬传递站。

请注意，登山者的服装厚厚的，笨笨的。

图1.3.3 北京奥运圣火珠峰传递登山队成功登顶珠峰

珠峰地区及其附近高峰的气候复杂多变，即使在一天之内也会变化莫测，更不用说一年四季的翻云覆雨。大体来说，每年 6 月初至 9 月中旬为雨季，强烈的东南季风造成暴雨频繁、云雾弥漫、冰雪肆虐无常的恶劣气候。珠峰的年平均气温约为 -29.0℃左右，一月平均气温 -37℃，七月平均气温 -20℃左右。每一座 6000m 以上的高山都是白雪皑皑，风很大，十分寒冷。高山上空气稀薄，气压只有地面平常气压的 1/2 ~ 1/3，所以人会有高原反应，特别容易累。常规的羽绒服等衣物太厚太重，穿得时间长了保暖效果还会下降。而此时如果改穿气凝胶登山服，情况就会有极大的改善。实际上，这样的服装已经面世——气凝胶冲锋衣，既薄又暖，防水、防风、透气等优异特性一应俱全。

图 1.3.4　气凝胶材料

例如，2012 年加拿大冒险家杰米 · 克拉克穿着用“零夹层”纤维制成的超薄夹克攀登一段珠穆朗玛峰，以对这种材料进行终极测试。他所穿的夹克是由冠军服饰公司（Champion）生产，该厂商的母公司汉佰（Hanesbrands）称，这种厚度仅为 0.3 厘米的防风衣，穿起来和 4 厘米厚的羽绒服一样暖和。汉佰公司目前正在考虑将这种夹克推向零售市场。与此同时，其他运动服饰商，如哥伦比亚（Columbia）、阿迪达斯（Adidas）和耐克（Nike）等，也正在试验将“零夹层”用于手套和鞋类产品。今年秋季，罗素户外公司（Russell Outdoors）将会向市场推出用气凝胶材料制成的超薄猎装，售价为400美元。

即便对着“Lukla”这件衣服喷射液氮，人也不会受到丝毫影响。虽然“Lukla”并不是首款采用气凝胶的冬款冲锋衣，但它却可以说是迄今为止最便宜的一款。目前，其特别款售价为350美元。气凝胶登山服轻薄透气，穿着舒服，活动方便，同时可有效地减少风对人体的作用力，减少登山时的意外发生，不但保暖，更可保命。

去年，一位英国登山者安妮·帕曼特尔穿上带气凝胶鞋垫的靴子爬上珠穆朗玛峰，就连睡袋也加有这种气凝胶材料。她说：“我唯一的问题就是我的脚太热，这对一名登山者来说是一个大难题。”另外，气凝胶衣服没能征服时尚界。Hugo Boss公司推出了一系列用气凝胶材料制成的冬季夹克，但在消费者纷纷抱怨这种衣服太热之后不得不下架。

1.3.2 气凝胶的顶级保温应用

气凝胶是世界上最轻的固体，具有绝佳的保温效果，甚至能帮助宇航员在太空中抵御严寒，耐受巨大温差，因而成为了美国国家宇航局等机构航天探测中不可取代的材料。

日前一家名为Oros的服装公司推出了Orion全新系列的防寒外套，采用的SolarCore气凝胶材料使其成为一款既轻薄又保暖的冬季外套。Oros 公司表示，3mm 厚的 Orion 系列的防寒外套具有和 40mm 鸭绒外套相同的保温效果。这款外套重量仅为 2.5 磅（约 1.1kg）。在零下 321 华氏度（约 -196℃）的液氮测试中，这件外套内部还能保持 89 华氏度（约 31.6℃）的温度，足以证明其有效的恒温性能。此外，Oros 公司还推出了同样由气凝材料打造的手套及帽子。

阿斯彭气凝胶（Aspen Aerogel）公司生产了一种更坚固、更柔韧的气凝胶。现在公司正用它来为人类首次登陆火星时所穿的太空服研制一种保温隔热衬里，为 2018 年宇航员登陆火星做准备。该公司的一位资深科学家马克·克拉耶夫斯基认为，一层 18mm 的气凝胶将足以保护宇航员抵御 -130℃的低温。

前些日子，气凝胶领域又获重大突破——东华大学俞建勇院士、丁彬教授带领的纳米纤维研究团队利用普通的静电纺纳米纤维膜材料成功开发出密度仅为 0.12mg/cm^3 的“纤维气凝胶”，刷新了“世界最轻材料”的记录。

究竟是什么玩意儿，会这么轻，就像空气一样？

其实，气凝胶可以视为“凝结的空气”，所以说这样的衣服像空气一样轻。空气在无对流的静止状态时的绝热能量超级强悍，气凝胶把空气固化了，不流动了，所以保温效果非常好，同时也没有气流穿透气凝胶，所以也防风。另一方面，气凝胶衣物整体允许一定量的水汽、空气微微渗透，所以，宏观试验中它能透气，也能透水汽。气凝胶衣物综合了以上的诸多优良性能，所以适合在高寒、强风的登山运动中穿着。

如果气凝胶和特殊的不燃面料结合，则具有防火功能，它会隔绝高温的火焰，为防火救火的人们提供良好的防护。

气凝胶材料的服装，会在防寒、放热、防火、防爆等多个方面占领更大的舞台。

1.4 如烟进百家

1.4.1 气凝胶在建筑节能领域的应用形式与效果

气凝胶在建筑领域的应用是我们对其在热学方面研发的一个延伸。最早同济大学在气凝胶热学方面的研究多在军工领域的特殊应用上，后来才开始延伸到建筑建材方面，功能也主要体现在隔热、保温上。之后同济大学和企业合作，通过产学研一体化的研究，气凝胶建材领域各方面的应用才开始逐渐深入，他们研究和开发了生产气凝胶复合保温隔热毡的制备，使得气凝胶保温毡产品能够规模化生产。

同济大学的老师介绍说，当前我国有不少企业从事气凝胶的研发推广工作，但是气凝胶在建筑建材领域的应用还没有得到广泛普及。主要原因是，与现有的保温材料相比，气凝胶毡的价格相对较高。所以在建筑领域如果没有特殊要求，建筑的设计者与开发商一般不会去考虑运用气凝胶毡作为保温材料。诚哉斯言！

针对这一问题，研究者给出的建议是："必须帮助建筑的设计者和开发商充分认识气凝胶的优势。与其他保温材料相比，气凝胶具备其他材料无法比拟的综合优势。"气凝胶毡与其他传统保温材料相比，热导率比较低，保温隔热性能要好，在相同的环境条件下，保温隔热性能越好，越显著降低建筑的能耗；从建筑结构上来看，气凝胶毡更加轻薄，在建筑面积一定的情况下能够扩展出更大的使用空间，同时由于产品比较轻，还能够减少建筑物承重，施工也轻松省力。与此同时，气凝胶复合制品还在隔声、防火、防潮等各方面都有自己的优异性能。综合来讲，气凝胶复合制品的性价比要远远高于其他保温材料。当前在建筑的设计和开发方面，人们对气凝胶复合制品的认识还很不够，所以下一步应该在建筑建材领域加强对气凝胶的宣传推广工作。当然，从气凝胶的生产企业来讲要考虑进一步降低其生产成本，从降低气凝胶生产的原料成本及调整复合气凝胶的生产工艺上挖掘。另外如果气凝胶产品生产形成相当规模的话，其生产成本也将进一步降低。在人们的认识加强、产品成本降低后，气凝胶有可能会比较大规模地应用在建筑领域。

气凝胶作为一种纳米多孔结构的固体新材料，具有超轻、绝热、透明、防火等优异特性，气凝胶在建筑节能领域具有巨大的应用价值，能够显著提高保温效果，节约能源。近年来随着研究的深入和应用的拓展，气凝胶在建筑领域的应用将使节能效果实现数量级提高，这种材料日益展现出巨大优势和广阔的发展前景。

目前气凝胶在实际应用中，主要有气凝胶颗粒、气凝胶毡、气凝胶板、气凝胶玻璃和气凝胶采光板等几种形式，在建筑围护结构、管道保温层、涂料、混凝土等应用领域具有诸多优势，尤其是节能效果显著。

1.4.2 气凝胶在建筑中的应用

1. 气凝胶玻璃

图 1.4.1 气凝胶玻璃

气凝胶有较好的透光率和隔热性能，在节能窗上有很好的应用前景。但是气凝胶的极限拉伸强度很小，要避免直接的机械撞击。目前气凝胶很难单独直接作为玻璃应用，更多是要和已有玻璃产品结合在一起来应用，主要有气凝胶镀膜中空玻璃这类产品。

气凝胶板难以制备，价格昂贵，实际应用时，一般将半透明纳米二氧化硅气凝胶颗粒作为夹层填充物，虽然视觉效果差，不能透视透像，但可应用在大型剧院、展览中心、会议中心等无需良好视觉效果的位置，或可以应用于太阳能集热器。有国外学者研究了二氧化硅气凝胶颗粒填充厚度和填充方式对气凝胶玻璃的透光率和导热系数的影响，其制备的气凝胶夹层玻璃传热系数为 0.4W/（m^2·K）。

2. 气凝胶在节能门窗的应用

就目前典型的建筑围护结构而言，通过门窗损失的热量约占建筑总的热量损失的40%～50%，并且随着人们居住环境水准的提高，门窗面积还要不断增加，节能玻璃的应用对整个建筑节能将起到更重要的作用。气凝胶节能玻璃相对真空玻璃、夹层玻璃等传统节能玻璃有着诸多优点。已有人通过仿真模拟，将其制备的真空气凝胶玻璃替换三层充氩气中空玻璃安装于建筑门窗上。

3. 气凝胶在建筑管道保温中的使用

气凝胶毡具有超高隔热性和疏水性等优点，是一种理想的管道保温材料。气凝胶毡管道保温层，紧贴管道第一层的为卷绕管道的气凝胶保温毡，为保温结构的主要保温层，外层为金属保护层和绑带，以避免风吹日晒雨淋，如果卷绕多层气凝胶毡，可采用错位搭接方式提高保温性能。气凝胶毡有较好的柔性与抗拉、抗压强度，施工方便快捷。另外气凝胶毡的整体疏水性使其在整个使用周期内导热系数几乎没有变化，与传统保温材料相比，气凝胶保温结构保温性能明显好于其他材料。根据美国阿斯彭公司的估算，平均每公里的高温蒸汽管道在使用中仅能耗一项就可以节省 250 万美元，而在建筑供热管道保温材料改造中，理想情况下，一年左右即可以节省下改造投入的成本。

4. 气凝胶板在墙壁和屋顶中的使用

传统的墙壁和屋顶保温材料分为无机材料和有机材料，占据保温材料市场 80% 的有机保温材料聚苯泡沫板防火阻燃性不佳，无机保温材料如岩棉、玻璃棉等大多密度大且保温效果欠佳。气凝胶板具有低热导率、低密度、高阻燃性，是墙壁和屋顶的理想保温材料。该结构的主要保温层是气凝胶板，其导热系数在常温下可到达 0. 013W/(m · K)，几乎只有挤塑聚苯板的三分之一，更是远低于其他建筑保温材料。除了具有高效的保温隔热性能，气凝胶板还可以拥有吸声降噪的功能。此结构使用的气凝胶毡和气凝胶板燃烧性能为 A1 级，为完全不燃性材料，解决了建筑保温与建筑防火无法共存的巨大矛盾，气凝胶毡或板密度低于 $200kg/m^3$，施工方便的同时也减轻了整栋建筑的重量。

众所周知，目前我国仍是能源消耗大国，而能源消耗中建筑能耗占很大比重，提高建筑节能的重要方式是采用具有高效保温性能的墙体材料。但是，建筑保温市场还没有安全可靠的 A 级防火的高保温材料，所以节能标准越高，所带来的安全隐患也就越多。从目前我国广泛应用的保温材料来看，仍然普遍存在防火性能差的问题。这使“建筑节能”与“消防安全”好似“鱼和熊掌”，难以兼得。然而，这并不意味着无法同时实现建筑节能与防火安全。只是，目前兼顾节能与消防双重标准的产品因价格问题难以获得市场认可并推广应用，这也就酿成了两个恶果：一是实际选材中，建筑节能“让位”生命安全；二是为消防过关而牺牲节能效果，使得建筑在后期能耗居高不下。供给侧改革迫在眉睫啊。

要彻底解决这一问题，就要加大力度研发和推广可替代性产品，解决节能和消防安全的冲突，并从根本上清除城市发展过程中的巨大安全隐患。

气凝胶正是解决节能与消防矛盾的关键性材料。它是一种纳米级多孔材料，是世界上最轻的固体材料，同时具备保温效果好、A 级防火、高疏水等优越特点。然而，气凝胶的产业化之路也是刚刚起步，亟须整个行业的重点关注与协同支持。

5. 气凝胶在涂料中的应用

气凝胶粉体可以应用在涂料中，做成具有保温效果的保温涂料，起到提升保温的作用。研究者分别以空心微珠和自制的 SiO_2 气凝胶为隔热填料，将其添加到丙烯酸酯白色外墙涂料中制成隔热涂料，通过自制的测量装置测得 SiO_2 气凝胶隔热涂料隔热性能明显优于空心微珠隔热涂料。另有研究者用稳定剂爱利索 TMRM－825 对 SiO_2 气凝胶进行改性并制备成浆料，以水性丙烯酸树脂为成膜物，在助剂的配合下制得水性纳米透明隔热涂料。实验结果表明，用稳定剂对 SiO_2 气凝胶进行改性，能够实现纳米颗粒的均匀分散；玻璃涂覆膜厚为 20～25μm 时，涂膜有良好的机械性能，可见光透过率大于89%，透明性好，同时有较好的隔热效果。

6. 气凝胶在混凝土中的应用

气凝胶还可以降低混凝土的导热系数。研究表明，在混凝土基料中掺入不同量的疏水或亲水 SiO_2 气凝胶粉末，混凝土块的热导率随着 SiO_2 气凝胶粉末含量的增加而减少，但抗压强度会有所降低，收缩率也会增大。据此特点可将添加 SiO_2 气凝胶的混凝土用于非承重墙，或是作为粘结试剂使用于水泥砂浆中，随着混凝土助剂的发展，可以加入助剂来补充损失的力学性能。

7. 发展方向

随着国家能源战略和经济的转型，保温节能领域必将会有更多的投入，传统保温材料会越来越多地被气凝胶所替代。因此，气凝胶材料在建筑保温领域具有广阔的前景。要实现气凝胶在建筑领域大范围的推广应用，未来的发展方向将主要集中在以下三个方面：

（1）降低气凝胶材料制备成本。若要大面积推广应用，可通过选择廉价的原料或改善制备工艺来降低制造成本；

（2）复合气凝胶建材的开发。将气凝胶材料和现有建材如聚氨酯泡沫、石膏板等复合，弥补气凝胶本身缺点的同时减少气凝胶材料的使用量；

（3）气凝胶应用方案优化。利用计算机模拟技术优化应用方案，量化节能效果，使气凝胶的节能效果直观化。对气凝胶的应用宣传也至关重要，可为气凝胶的市场化奠定基础。

事实上，性能优异的替代性材料大量存在，只是因为种种阻碍才导致其市场应用面临重大困难。例如，气凝胶材料作为一种新型的革命性保温材料，性能优异、应用前景广泛，但其产业化在国内刚刚起步，仍有诸多方面需要完善，首要的难题是气凝胶高昂的成本和产业化工艺。SiO_2气凝胶位于国外媒体评选的“十大未来材料”之首，被誉为“革命性的新材料”。SiO_2气凝胶符合我国新材料产业政策和建筑节能、工业节能政策，有广泛的发展和应用前景。SiO_2气凝胶材料属于前沿领域的新材料，目前主要应用在航天、军工领域，由于其独特的保温隔热性能，其在工业领域的应用被称为“革命性方案”。与传统的保温材料相比，其防火效果好，导热系数低，能显著降低物料消耗，实现较高的节能环保效应。根据新疆克拉玛依油田工程的气凝胶材料应用汇总情况看，气凝胶材料与硅酸盐保温材料相比，可实现节能34.6%；辽宁辽河油田的工程应用中，气凝胶材料与复合硅酸盐保温材料相比，散热损失减少38.5%。因此，开发新型的SiO_2气凝胶材料，有助于推动保温材料产业结构调整和产业升级。

气凝胶产业化需多方助力。当前我国的气凝胶行业还处于产业化和市场应用培育阶段。2014年和2015年，国家发改委连续两年将气凝胶材料列入《国家重点节能低碳技术推广目录》，开始了对气凝胶材料的初步应用推广。然而，气凝胶的推广效果并不尽如人意。建筑节能市场相对混乱、产品种类繁多、质量参差不齐、标准难以统一、检验检测难度较大等固有问题，使气凝胶这种关键性新材料在产业化应用方面依然收效甚微。行业标准、政策扶植、财政补贴，以及产品制造企业的技术创新和新产品研发是推广气凝胶保温材料并让社会接受和认可的前提。

1.5 像雾又似雪

下面我们来了解一种气凝胶节能玻璃——气凝胶中空玻璃的研发过程。

1.5.1 气凝胶中空玻璃特点及优势

绿色节能是目前国家大力倡导的理念，我国建筑能耗约占能源总耗的43%，在建筑能耗中玻璃窗和采光顶占总能耗的50%左右，目前主要的节能方案是采用镀膜中空玻璃，其中镀膜多采用低辐射镀膜玻璃以达到隔热保温之目的。低辐射镀膜玻璃主要以真空磁控溅射工艺在玻璃表面镀制，使其对红外线辐射具有高的反射率，对可见光具有较高的透射率，故在节能的同时可保持其良好的透光性能。但镀膜中空节能效果有其局限性，传热系数最低只能达到1.8W/($m^2 \cdot K$)左右，隔热性能的局限在很大程度上影响了其在高寒地区、建筑物的特殊部位（如采光顶）的应用。

气凝胶是多孔性的硅酸盐凝胶，98%（体积比）为空气。由于它内部的气泡十分细小，是纳米多孔网络构架，所以具有良好的隔热性能，同时又不会阻挡、折射光线（颗粒远小于可见光波长），具有均匀透光的外观。因此采用气凝胶注入中空玻璃的空腔，可以得到传热系数1.3W/(m^2·K）的隔热玻璃组件。但也有其局限性，最重要的是如果简单地将气凝胶填充至中空腔体内，无法解决该种物质长时间使用后的沉降现象，同时气凝胶为脆性物质，中空玻璃从生产到使用需要经过运输、附框、吊装安装等一系列过程，很容易造成无保护的气凝胶的粉末化、破损等。中国发明专利“一体化透明绝热 SiO_2 气凝胶复合玻璃及其制备方法”的申请公开了实现气凝胶与中空玻璃一体化的设计方式和制备方法，但上述的中空产品无法满足大面积幕墙等高端产品的需求，其粘接方式无法承受大面积中空玻璃所要求的剪切力和抗风压能力，同时更无法实现大面积中空玻璃的填充、加工和实施。因此，找到一种能解决剪切力和抗风压力能力的大面积气凝胶复合中空玻璃方法是本领域需要解决的技术问题。

原本国内气凝胶中空玻璃技术是一项空白，由于解决气凝胶的沉降性和对光漫反射特性的技术一直被美国等西方少数国家垄断，所以国产的气凝胶中空玻璃一直没有产品问世。立足于打破国外垄断、提高我国建筑玻璃节能水平为目标，需要研发出一款U值小于1.35、能工业化批量生产的气凝胶中空玻璃。保证气凝胶的稳定性和玻璃整体的透亮采光性能也是本领域要解决的问题。

1.5.2 气凝胶中空玻璃研发要点

气凝胶中空玻璃研发内容包括性能设计、材料选择、气凝胶灌充与封装等内容，分述如下：

1. 为了使产品整体节能性达标，采用目前国内最先进的一款低辐射 Low - E 节能镀膜玻璃与之配合使用，使整体 U 值达到 1.3 的设计要求。

2. 保证产品的透亮采光特性。

因为气凝胶对可见光有着一定的阻隔作用，直接将其填入中空腔体会严重阻碍可见光透过，且会发生分层沉降、粉末化等一系列问题。此问题的解决办法是，使用蜂窝板进行填充，不但可以分隔存储气凝胶，而且可保护蜂窝中的气凝胶的完整性。蜂窝板的材质为聚甲基丙烯酸甲酯（PMMA）。此材质的蜂窝板主要有三个功能：第一，材料自身具有优良的透光性和导光性。第二，材料设计为蜂窝状，光线进入气凝胶以后通过漫反射将光线射入 PMMA，然后经 PMMA 导入室内。PMMA 起到一个收集传导气凝胶中的散射光的作用，使整体的光通量增加。第三，PMMA 可以增加气凝胶寿命。因为中空玻璃是一个密闭的腔体，使用中必然会伴随着环境温度的变化出现鼓胀和凹缩，没有蜂窝板直接填充气凝胶则容易发生明显的塌缩和粉末化。利用蜂窝板自身的结构强度也可保护气凝胶的完整和有效性。

为了使气凝胶易于灌充到较深的蜂窝中，在比较了自然重力法、气动法和真空法后，最终通过改进和控制真空度等手段，解决了灌充的效率、质量的难题，并完成了其配套的前处理和后封装，使气凝胶灌充实现了自动化，提高了效率，保证了质量。

3. 解决大面积中空玻璃所要求的剪切力和抗风压能力。

气凝胶中空玻璃中的玻璃空腔体厚度为30mm和60mm，在使用中易变形，玻璃承受的剪切力较大、抗风压能力较弱。如果使用普通中空玻璃，严重时玻璃可能破裂，而此玻璃运用于屋顶处，一旦出现破裂，将带来巨大的安全隐患。针对上述问题，研究者特别设计了夹层半钢化安全玻璃作为气凝胶中空玻璃的构成材料。夹层半钢化玻璃既从强度上满足了使用要求，也解决了安全问题，即使玻璃破裂也不会出现玻璃坠落的现象。此玻璃的使用不仅解决了上述问题而且还进一步提升了该产品的隔声效果及抗紫外线性能。

4. 实现了蜂窝板气凝胶的工业化生产。

研究者在一台自动化蜂窝板热封设备上加装真空系统和灌充接口，完成了连续生产所需要的设备，结合行业已有的中空生产线，实现中空气凝胶玻璃的工业化生产，满载产能2000m^2/d，完全满足任何大型项目气凝胶玻璃用量。

5. 本项目的技术效果在于：提高了产品的抗风压能力，同时保证产品在屋顶或高层建筑物使用时，不会发生因钢化玻璃自爆而产生“玻璃雨”现象。夹层玻璃的使用更进一步隔绝了紫外线，避免了蜂窝板出现老化。选用彩釉工艺产品在屋顶使用时，将阳光进入房间的方式变成漫反射，使光线更加柔和的同时又保证了充足的阳光进入到室内。镀膜工艺的采用，进一步提高了产品的隔热性能，气凝胶几乎隔绝了热量以传导和对流的方式进行传递，低辐射镀膜玻璃的使用过滤了以辐射方式进行传递的热量，使整个产品的隔热性能得到很大提升。

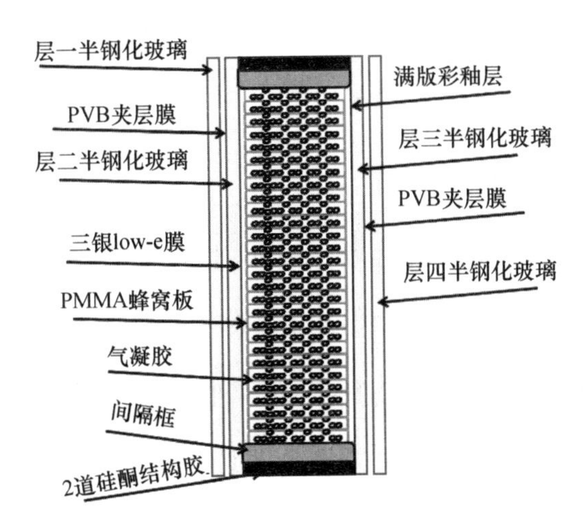

图 1.5.1　气凝胶中空玻璃结构示意图

蜂窝板选用厚度为 30mm 的聚甲基丙烯酸甲酯（PMMA），其形状和大小与铝间隔框的内腔一致，保证将制备好的蜂窝板放置后与玻璃基片、间隔框围合的中空腔表面吻合。首先将蜂窝板的一面使用无纺布或 PMMA 透明薄板密封，同时将准备好的气凝胶填充到蜂窝板的蜂窝中，填充时应保证每个孔隙均填满，并将填充后的蜂窝板表面以同样的方式使用无纺布或 PMMA 透明薄板密封，形成一个整体的中空填充件。将填充气凝胶的蜂窝板放置于中空腔体的内部，然后可按照现有技术的中空工艺进行玻璃的合片。

中空玻璃结构层由于填充的厚度不同，同时选用的玻璃基片加工方式的不同，产品的光学和隔热性能会有差异，性能参数如下表：

表 1.5.1　产品光学和隔热性能参数

产品名称	气凝胶填充厚度	可见光透过（%）	U 值	Sc 值
A－30 型	30mm	—	1.3	0.15
A－60 型	60mm	—	1.1	0.1

气凝胶与中空玻璃的有效结合而生成的玻璃产品在结构、性能上具有稳定性。气凝胶中空玻璃这一新产品在光学、热学、安全、强度等方面都有大幅提升，是一种典型的通过引入新材料改进现有产品性能、满足市场需求的一项创新。

气凝胶中空玻璃的问世，大大提高了玻璃光学和热学性能，所涉及的工程外观高档漂亮，节能水平高，其中一些项目已成为节能建筑的示范和经典。这类产品技术性能目前处于比较先进的水平，其节能效果已经超过美国的相似产品。该产品为幕墙玻璃行业提供了一款新的高性能产品，市场前景会越来越好。

图 1.5.2　气凝胶中空玻璃应用于场馆

图 1. 5. 3　气凝胶中空玻璃建筑外观

图 1. 5. 4　气凝胶中空玻璃应用场馆内景

Aerogel insulating glass unit

2 气凝胶的前世今生

2.1 气凝胶的发展历程

气凝胶是目前最轻的固体，几乎和空气一样轻，同时气凝胶有极高的强度，这种神奇固体外观像淡蓝色凝固的烟雾，轻盈飘忽，更像来自天上的精灵。

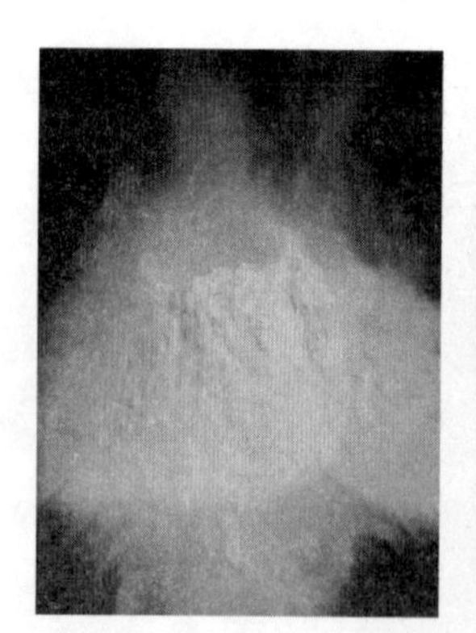

图 2.1.1 粉体气凝胶

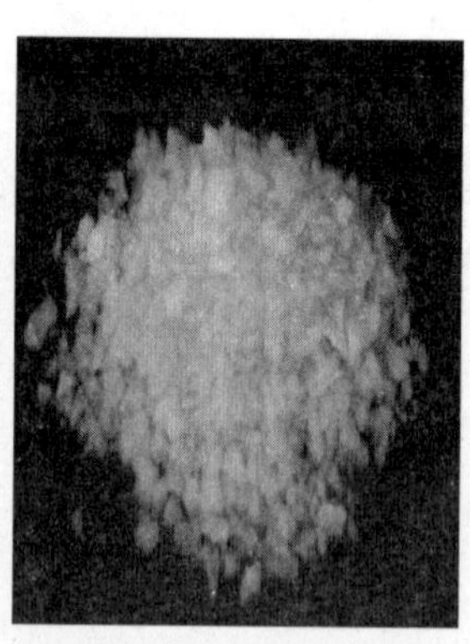

图 2.1.2 颗粒气凝胶

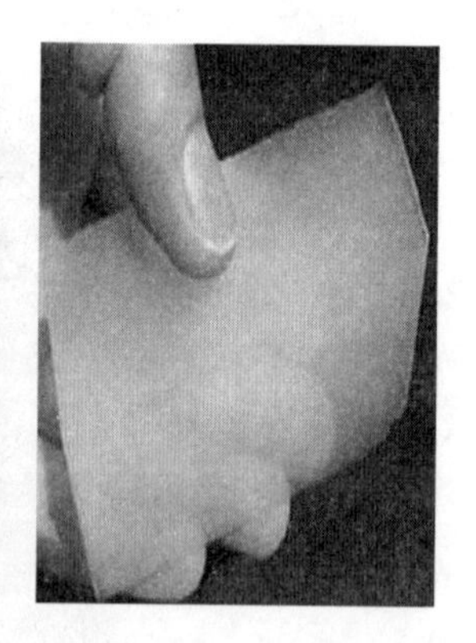

图 2.1.3 块体气凝胶

一般常见的气凝胶为硅质气凝胶，最早由美国科学工作者 Kistler 制得。实际上任何物质的凝胶只要可以经干燥除去内部溶剂后，凝胶中液体含量比固体含量少得多；或凝胶的空间网状结构中充满的介质是气体，又能基本保持其形状不变，外表呈固体状，且产物为高孔隙率、低密度，则皆可以称之为气凝胶。因为它是由凝胶脱水干燥而来，故也称为“干凝胶”。

气凝胶密度极低，目前最轻的气凝胶仅有 0.16kg/m^3，比空气密度 1.29kg/m^3 还低，也被叫做“冻结的烟”。由于气凝胶内固态孔状物的尺寸非常微小，已达到纳米量级，可见光通过时散射较小，就像阳光经过空气一样，所以纯净的二氧化硅气凝胶看上去也和天空一样外观微蓝，如果正对着光看有点偏红。正如白天看天空是蓝色的，而傍晚时夕阳红道理一样。气凝胶中一般 90% 以上是空气，所以有非常好的隔热效果，3cm 厚度的气凝胶相当 20 ~ 30 块普通玻璃的隔热能力，所以把气凝胶挡在玫瑰花与火焰之间，玫瑰花安然无恙，丝毫无损。

图 2.1.4　气凝胶挡在玫瑰与火焰之间

气凝胶的重量超轻，外形似烟，看似弱不禁风，但是气凝胶非常刚强坚固，能承受自身重量数千倍的外力冲击，也能承受高达1400℃的短时高温。气凝胶的导热性和折射率也很低，绝缘能力比最好的玻璃纤维还要强39倍。因其同时具备这些特性，气凝胶成为航天探测领域中不可替代的材料，美国“火星探路者”探测器和俄罗斯“和平号”空间站都用它来进行热绝缘保护电子仪器设备。

图2.1.5 美国“火星探路者”探测器

图2.1.6 俄罗斯“和平号”空间站

2.1.1 气凝胶的发现故事

世界上第一个气凝胶产品诞生于1931年。美国加州太平洋大学的Steven. S. Kistler提出，具有相同尺寸的连续网络结构固体“凝胶”形状与湿凝胶一致。理论方法是从湿凝胶中去除液体而不破坏固体形状，当时的技术很难做到这一点。如果只是简单地让湿凝胶干燥，凝胶将会收缩，原来的形状会破裂成小碎片。Kistler 推测：凝胶的固体构成是多微孔的，液体蒸发时的液－气界面存在较大的表面张力使孔道坍塌。此后，Kistler 通过多次试验最后用水充分洗涤二氧化硅凝胶，然后用乙醇交换水，通过把乙醇变成超临界流体并扩散，第一个真正的气凝胶形成了。Kistler 气凝胶的制备方法与现在制备二氧化硅气凝胶的方法类似，具有相当大的理论研究价值。在之后的几年时间里，Kistler 详尽地表征了二氧化硅气凝胶的特性，并制备了许多有研究价值的其他物质气凝胶材料，包括：$A1_2O_3$、WO_3、Fe_2O_3、酒石酸镍、纤维素、纤维素硝酸盐、明胶、琼脂、蛋白、橡胶等气凝胶。

再后来，Kistler 离开了太平洋大学，到孟山都（Monsanto）公司供职。Monsanto 公司很快就开始生产商品化的粒状 SiO_2 气凝胶产品，生产工艺无人知晓，用作化妆品和牙膏中的添加剂或触变剂。在之后的近 30 年中，有关气凝胶的研究几乎没有进展。直到 20 世纪 60 年代，随着价格便宜的“烟雾状的（fumed）” SiO_2 的研制开发，气凝胶的市场开始萎缩，Monsanto 公司停止了气凝胶的生产。从此，气凝胶在很大程度上被人淡忘了。

20 世纪 70 年代后期，法国政府向里昂第一大学（Claud Bernard）的 Teichner 教授寻求一种能储存氧气及火箭燃料的多孔材料。之后所发生的事情，在从事气凝胶研究的人员中是一个传说。Teichner 让他的一个研究生来制备气凝胶并研究其应用，使用 Kistler 的方法花费数周时间才制备出第一个气凝胶。然后

Teichner告诉这个学生，要完成他的学位论文，将需要大量的气凝胶样品。这位学生意识到，如果按照Kistler的方法制备，这要花许多年才能完成，他精神崩溃地离开了Teichner的实验室。经过短暂的休息，他又回到了实验室，有一种强烈的动机，激发他去寻找一种更好的SiO_2气凝胶的合成工艺。经过不懈地努力探索，他成功地应用溶胶—凝胶化学法制备出SiO_2气凝胶，使气凝胶的科学研究前进了一大步。这种方法是用正硅酸甲酯（TMOS）代替Kistler所使用的硅酸钠，在甲醇溶液中通过TMOS水解产生凝胶，称为“醇凝胶”。在甲醇的超临界条件下干燥这些醇凝胶，可以制备出高质量的SiO_2气凝胶。后来，Teichner的研究组及其他人使这种方法扩展制备了多种金属氧化物气凝胶产品。

2.1.2 气凝胶的未来设想

气凝胶最初的商业用途主要是用作增稠剂，涉及化妆品、涂料、汽油凝固剂、香烟过滤嘴以及制冷剂隔热板等领域。Monsanto是第一家将气凝胶用于商业的公司，当时气凝胶的生产过程不仅费时费钱，还具有危险性。在生产30多年后于20世纪70年代，该公司宣布终止对气凝胶的生产。

但气凝胶的故事并没有完结，随着生产工艺的改良，气凝胶再次获得商业价值，并广泛应用于各种工业领域，连科学家也对气凝胶产品产生了好奇心。

由于气凝胶独特的结构，它可以作为一种优良的隔热材料，超隔热的气泡结构几乎完全抵消了三类热传递方式。令人欣慰的是，即使现在气凝胶仍然很贵，但研究表明，以气凝胶为原料制备的隔热装置，如果用于墙构架或者类似窗户遮雨板这些难以隔热的区域，还是能够帮助住户每年省下 750 美金的费用。除了省钱，气凝胶隔热装置可以帮助你大大降低碳排放量。虽然现在美国航空航天局（NASA）已经能够负担得起气凝胶的费用，但是各种公司还在努力降低成本，以达到普通民众也能接受的价格。目前只有一些建筑公司、电力工厂以及提纯厂将气凝胶投入使用，当人人能买得起气凝胶的时候，它定会成为居家的首选材料。

另外，气凝胶有助于推动绿色科技。碳系气凝胶在超级电容，高效汽车燃料电池方向有很大的应用潜能。事实上，碳系气凝胶的存储能量能引起一波技术革命，前提就是气凝胶的成本可以满足用于大规模生产的标准。

未来，人们甚至可以像使用不同材料建造房屋一样按功能要求设计不同的或渐变的或特别成分的气凝胶来满足使用者的要求，在性能、成本等多方面获得综合性能最优的结果。

气凝胶，还有什么是你不能做的呢？你在未来普通民众的生活中必有一席之地！

2.2 气凝胶的分类及物理结构

气凝胶作为一种新颖的材料，从无到有，从神奇到实用，从研究到产业，形形色色，林林总总，不一而足。本部分从不同角度谈一谈气凝胶的分类和特殊结构。

2.2.1 气凝胶的分类

气凝胶按其成分可分为：无机气凝胶、有机气凝胶以及有机气凝胶碳化得到的碳气凝胶。

气凝胶按其组分可分为：单组分气凝胶，如 SiO_2、Al_2O_3、TiO_2、碳气凝胶等；多组分气凝胶，如 SiO_2/Al_2O_3、SiO_2/TiO_2 气凝胶等。

气凝胶的最初成分是 SiO_2，随着研究的深入，又增加碳气凝胶、金属气凝胶、金属氧化物气凝胶、硫系气凝胶、有机气凝胶等。因此从气凝胶的原料来源可分为硅系、碳系、硫系、金属系及金属氧化物系等，也有混合或掺杂其他成分的气凝胶。

无论何种成分的气凝胶，都具有气凝胶的共性：轻、强、多孔、含气率超高等，因此也具有气凝胶共有的功能：保温、轻质、吸附等。但由于成分、制作工艺方法、纯度等的不同和差异，导致不同种类的气凝胶必然拥有不同的特性和功能，又因其来源、工艺的不同决定它们的成本相差甚远，因此应用就更见不同。例如同样是保温隔热，优先选择 SiO_2气凝胶，因为成本是最低的。所以从应用看，目前主流还是硅系气凝胶，绝大多数应用也是 SiO_2气凝胶。在此介绍硅、碳、金属、金属氧化物四种气凝胶的主流特性。

1. 硅系气凝胶

硅系气凝胶被广泛用于实验以及实际应用之中。当人们谈及气凝胶时，大多数情况是在讨论硅系气凝胶。硅系气凝胶外观呈现天蓝色，这是因为白光透过二氧化硅分子时发生了散射，使得硅系气凝胶呈现天空般的色彩。

硅气凝胶特殊的网络结构使它在热学、光学、电学、力学、声学等方面都表现出独特的性质，具有广阔的应用前景。

硅气凝胶的温度使用范围为 -190℃ ~1050℃，常压下气态热导率很小，可达到 0.1012W/(m·K)，在真空条件下可低达 0.001W/(m·K)，是目前隔热性能最好的固态材料，被广泛应用于各种特殊的窗口隔热体系。

透明的 SiO_2气凝胶对蓝光和紫光有较强的瑞利散射，样品通常呈淡蓝色，而气凝胶的折射率与密度之间关系非常小，且孔隙率最高可达99.8%，因此 SiO_2 气凝胶具有良好的透光度，可用于制造特殊环境使用的透镜。硅气凝胶介电常数在固体材料中极小，且在一定范围内连续可调，因此在超大规模集成电路中器件集成度提高的今天，有望用于大规模集成电路的衬底材料。

SiO_2 气凝胶的纵向声传播速率为100m/s，是固体材料中最低的，且其声阻抗随密度可变范围很大，因此是一种理想的声阻抗耦合材料。可用于装修房子的地板材料和运输、超声等机械装置上的声阻抗材料。它还是一种声学延迟和高温隔声材料，因此透明的气凝胶可被用于太阳能隔声保温窗。

2. 碳系气凝胶.

图 2.2.1 碳系气凝胶

和蓝烟状的硅系气凝胶不同，碳系气凝胶呈黑色，触感类似木炭，在超级电容器、燃料电池以及海水淡化系统等领域有很高的应用价值。也是唯一具有导电性的气凝胶，可用于制作超级电容器的电板材料。

碳系气凝胶具有生物机体相容性，可用于制造人造生物组织、人造器官及器官组件、医用诊断剂及胃肠外给药体系的药物载体。由于碳气凝胶的组成元素（碳）原子序数低，因而用于 Cerenkov 探测器时优于硅气凝胶材料。自从上世纪 80 年代末 R. W. Pekala 首次合成出 RF（Resorcinol Formaldehyde）有机气凝胶并由其碳化得到碳气凝胶以来，这一领域的研究几乎被其所在的美国 Lawrence Livermore（劳伦斯利福摩尔）国家实验室所垄断，国内未见对其有系统报道。直到浙江大学高分子系高超教授在碳气凝胶研究方面取得了突破为止。

千万别被全碳气凝胶的外表所魅惑，它虽然比较轻盈，看上去脆弱不堪，其实它的柔韧性极其不错。研究显示，把全碳气凝胶进行多次的揉搓，甚至把它揉成原来体积的 20%，它都能以最快的速度恢复原状，因碳气凝胶这样的柔韧性被专家称为“碳海绵”。它对有机溶剂具有超快、超高的吸附力，是迄今已报道的吸油率最高的材料。现有的吸油产品一般只能吸自身质量 10 倍左右的液体，而“碳海绵”的吸收量是 250 倍左右，最高可达 900 倍，而且只吸油不吸水。“大胃王”吃有机物的速度极快，每克这样的“碳海绵”每秒可以吸收 68. 8g 有机物。“碳海绵”还可能成为理想的相变储能保温材料、催化载体、吸声材料以及高效复合材料。目前，实验室正在对这一材料的吸附性能进行进一步的应用性研究。

碳气凝胶的最后一个特点就是弹性，全碳气凝胶的柔韧性非常好，弹性也是非常高。弹性而轻盈的材料，会成为我们生活中一项必不可少的材料。现在这一项应用性还在研究中，一旦研发成功的话，在未来的市场上发展潜力是无穷的。

3. 金属气凝胶

金属气凝胶具有大的表面积和多孔的特征，在燃料电池中表现出极佳的性质。传统的氢燃料电池在制作过程中需要使用贵金属材料，因成本高并未得到广泛应用。美国华盛顿州立大学的研究人员在研究纳米贵金属材料时发现可使用廉价的金属材料来制作一种超低密度的气凝胶，从而制得性能优良且廉价的燃料电池，从而减少铂（Pt）、钯（Pd）等的用量，它既能够减少燃料电池反应所使用的贵金属量，还能减少气凝胶的生产周期。因此利用气凝胶可成功减少贵金属的使用并能够制作出性价比很高的电池，使燃料电池的普及成为可能。

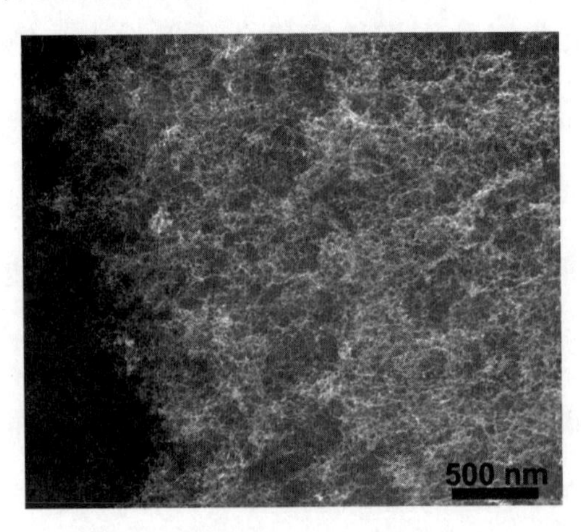

图 2. 2. 2　扫描电镜下的金属气凝胶

美国华盛顿州立大学的研究团队制备了一系列的双金属气凝胶材料，同时使用一步还原法在双金属气凝胶中加入廉价的铜，有效减少了气凝胶中贵金属的使用。研究人员们还发现水凝胶是气凝胶的液体形式，他们将水凝胶中液体缓慢并完全蒸发来制备气凝胶。此方法使得水凝胶的生产周期从 3 天减少到了 6 个小时。

此项研究可大规模投入生产，可以解决能源短缺的燃眉之急。

4. 金属氧化物系气凝胶

金属氧化物系气凝胶由金属氧化物组成，根据金属氧化物种类的不同，气凝胶呈现出不同的色彩。它们常被用作化学反应的催化剂、炸药和碳纳米管的生产，有些还具有磁性。

2.2.2 气凝胶的物理结构

气凝胶属于胶体，胶体是介于浊液与溶液之间、分散质粒子在 1 ~ 100nm 的、一种均一稳定的分散体系。胶体本身可以有气态、固态、液态，甚至玻璃态亦有可能。牛奶是现在生活中最为常见液态的胶体，蜜蜡是固态的胶体。凝胶就是凝固的胶体，气凝胶是指在这种凝胶中分散剂是气态，但整体却又表现为固态，这种固态是靠分散的凝胶质实现的，所以气凝胶就是由细小的泡泡壳连在一起的超轻固态泡沫，只是这种泡沫几乎和空气一样轻。从微观尺度看，气凝胶的结构如图 2.2.3 所示，空间尺寸为 10 ~ 100nm。

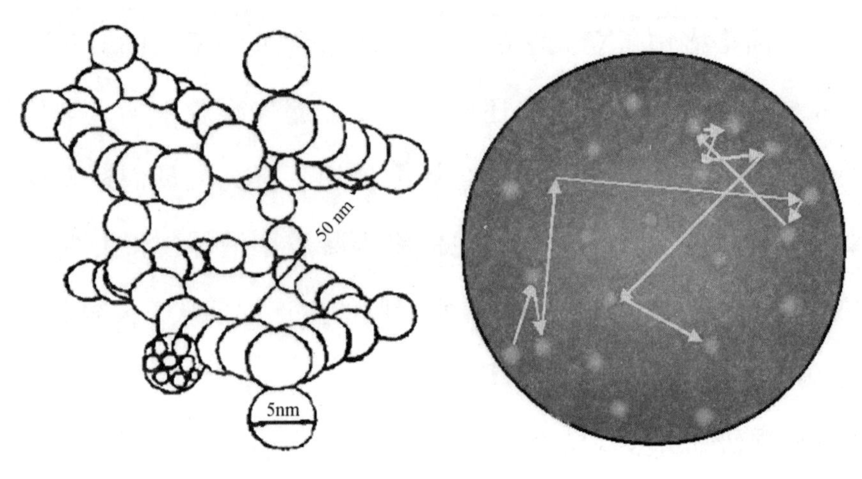

图 2. 2. 3　SiO_2气凝胶的结构示意图　　图 2. 2. 4　分子自由程示意图

图 2. 2. 3 中 SiO_2气凝胶中 SiO_2仅占 1. 2‰，空气占比 99. 8%，$1m^3$的 SiO_2气凝胶的质量仅 3kg，而同体积的纯净空气的质量为 1. 29kg，大气中空气分子的平均自由程 55 ~ 88nm，正符合 SiO_2气凝胶的孔隙尺寸。因此气凝胶中的空气相当于静止的空气，静止的空气隔热效果非常好，所以从物理结构上分析气凝胶的隔热效果最好。而在多数情况下，气凝胶隔热保温作用正是来源于此。

气凝胶的物理构造、10 ~ 100nm 孔隙尺寸等一些特殊物理现象决定它的特殊用途，现已发现的仅仅是一小部分，还有更多更大的潜在功能等待研究开发。

2.3 气凝胶的生产工艺和研发成果

气凝胶最初是由 S. Kistler 命名的，他将湿凝胶经超临界干燥所得到的材料，称为气凝胶。在 20 世纪 90 年代中后期，随着常压干燥技术的出现和发展，普遍接受的气凝胶的定义是：不论采用何种干燥方法，只要达到湿凝胶中的液体被气体所取代的结果，同时凝胶的网络结构基本保持不变，这样得到的所有材料都可称为气凝胶。气凝胶的结构特征是高通透性的筒状多分支纳米多孔三维网络结构、极高孔洞率、极低的密度、高比表面积、超高气孔体积率，其体密度在 0. 003 ~ 0. 500g/cm^3 范围内可调（空气的密度为 0. 00129g/cm^3）。

气凝胶内含有大量的空气，典型的孔洞线度在 1 ~ 100nm 范围内，孔隙率在 90% 以上，是一种具有纳米结构的多孔材料，在力学、声学、热学、光学等诸方面均显示其独特性质。它们明显不同于孔洞结构在毫米和微米量级的多孔材料，其纤细的纳米结构使得材料的热导率极低，具有极大的比表面积。对光、声的散射均比传统的多孔材料小得多，这些独特的性质不仅使得该材料在基础研究中引起人们兴趣，而且在许多领域蕴藏着广泛的应用前景有待人们去研究开发。

2.3.1 气凝胶的生产工艺

气凝胶的制备通常由溶胶—凝胶过程和超临界干燥处理两大步骤构成。在溶胶—凝胶过程中，通过控制溶液的水解和缩聚反应的条件，在溶体内形成不同结构的纳米团簇，团簇之间相互粘连形成凝胶体，而在凝胶体的固态骨架周围则充满化学反应后剩余的液态试剂。为了防止凝胶干燥过程中微孔洞内的表面张力导致材料结构的破坏，采用超临界干燥工艺处理，把凝胶置于压力容器中加温升压，使凝胶内的液体发生相变成超临界态的流体，气液界面消失，表面张力不复存在，此时将这种超临界流体从压力容器中释放，即可得到多孔、无序、具有纳米量级连续网络结构的低密度气凝胶材料。

目前，国内外制备 SiO_2 气凝胶通常以硅酸酯或水玻璃为原料，采用溶胶—凝胶法，经超临界干燥制得。虽然此制备方法可以有效防止干燥过程中材料的收缩，但是该干燥方法对设备要求高、耗能大、操作危险性高，导致气凝胶的生产成本明显提高，难以实现大规模工业生产。近年来，有关气凝胶的非超临界干燥法制备已经引起关注，常压干燥与超临界干燥相比，虽然因表面张力引起的干燥应力较大，易导致气凝胶干燥过程中破裂，但是常压干燥的优点是操作简便、安全性高。目前，常压干燥得到的 SiO_2 气凝胶已表现出良好的性能。例如，常压干燥合成的 SiO_2 气凝胶密度为0.092g/cm³，孔隙率97%，体积收缩约12%，性能接近超临界干燥法合成的性能指标。此外，由于原料价格昂贵，超临界干燥操作复杂，且不易实现大规模生产，这些缺点在很大程度上限制了 SiO_2 气凝胶实际生产制备的发展及其应用，因此寻找低廉的原料、开辟简易的新的 SiO_2 气凝胶合成途径是一个十分重要的研究领域。另外，常规制备的 SiO_2 气凝胶由于表面有很多羟基基团而具有亲水性，影响了良好的性能，限定了适用的工作环境。经研究，除了溶剂表面张力的原因外，存在于 SiO_2 气凝胶网络中的羟基之间的缩合作用也直接导致了网络的坍塌，而采用具有体积效应的溶剂作为干燥介质可以降低干燥压力，在亚临界条件下（243℃、2.3MPa）可以成功克服以上缺点，此方法在实际应用中也被广泛推广。

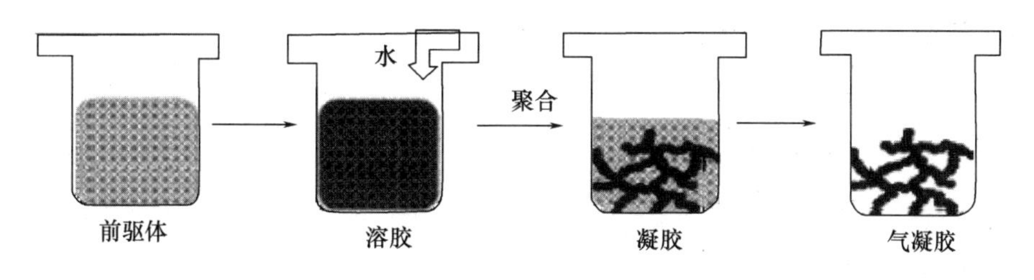

图2.3.1　气凝胶形成示意图

1. 非超临界干燥法制备 SiO_2 气凝胶

将一定配比的硅溶胶、乙醇、水、盐酸混合，恒温反应一段时间即可制得醇凝胶。用乙醇溶液对醇凝胶进行浸泡，再用正硅酸乙酯醇溶液对醇凝胶进行浸泡、老化处理，在此过程中醇凝胶骨架表面硅原子上的羟基（-OH）基团会进一步与正硅酸乙酯中的乙氧基（$-OC_2H_5$）基团发生缩聚反应，这不仅增加了凝胶骨架间的-O-Si-O-硅氧桥键，大大提高凝胶骨架的网络化程度，同时也减小了凝胶骨架之间的张力，增强凝胶网络骨架的强度，从而避免了凝胶在干燥过程中所发生的收缩与开裂现象。最后凝胶经过比水的表面张力要小得多的无水乙醇浸泡替换，又减小了干燥过程中凝胶内毛细管的附加压力，再结合分步干燥等手段，以硅溶胶为原料，通过非超临界过程成功地制得 SiO_2气凝胶。所得 SiO_2气凝胶外观为乳白色半透明的均匀多孔块状物，密度一般为0.2~0.4g/cm^3。分析图2.3.2~图2.3.4可以看出，所得 SiO_2气凝胶是具有连续网络结构的多孔纳米材料，气凝胶孔分布相当均匀，平均孔径为11~20nm，孔隙率约为91%，比表面积为250~300m^2/g；构成网络结构的粒子相当微小和均匀，平均粒径为12~20nm。

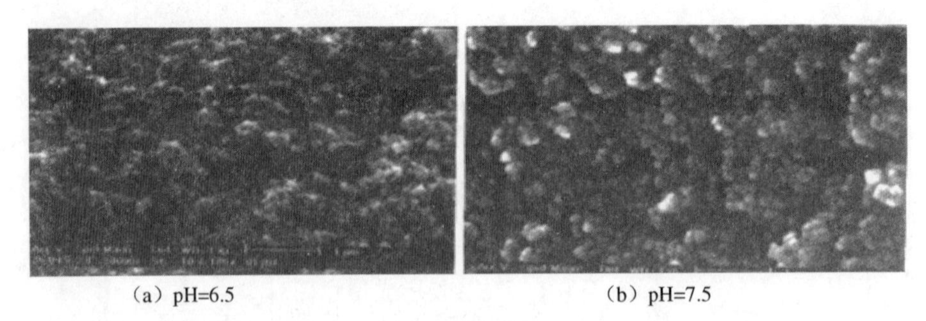
（a）pH=6.5　　（b）pH=7.5

图2.3.2　不同pH值下制得的气凝胶样品的SEM照片

应用国产硅溶胶为原料，通过对凝胶过程和干燥过程条件的调控，以非超临界干燥技术最终可以获得块状 SiO_2气凝胶，所得气凝胶外观状态与应用正硅酸乙酯为原料制得的完全一致，其微观结构相当良好，构成气凝胶的基本粒子直径和孔分布相当均匀，实现了块状 SiO_2气凝胶用廉价原料制备的工艺。此外，反应体系的配比和 pH 值对气凝胶过程有相当大的影响，因此也直接影响到所得气凝胶的密度。

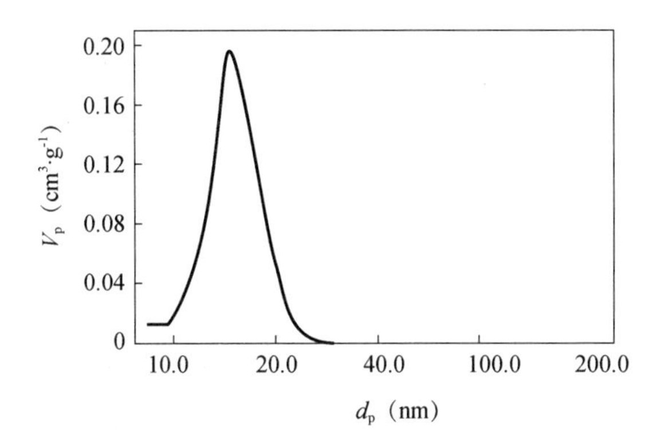

图 2. 3. 3　气凝胶样品的孔径分布曲线

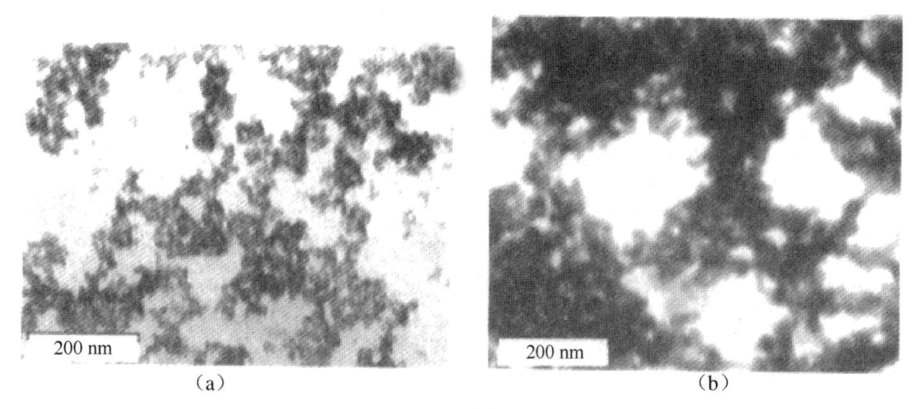

图 2. 3. 4　气凝胶样品的 TEM 照片

2. 亚临界干燥法制备 SiO_2气凝胶

亚临界干燥相对于超临界干燥是指调节干燥过程的实验参数，控制高压釜内的温度和压力于干燥介质的超临界点下的干燥途径。

实验中，将所制得的凝胶放入高压釜内，加入适量的异丁醇和表面修饰剂三甲基氯硅烷，密闭高压釜，并将高压釜逐渐从室温加热到240～260℃，釜内的压力最终稳定在2.3～2.6MPa，保持平衡状态一段时间后，缓慢放气至常压，自然冷却后可得到SiO_2气凝胶。

以三甲基氯硅烷的异丁醇溶液为干燥介质，通过亚临界干燥可以在2.3MPa的压力下成功制备出拥有良好的纳米网络结构的SiO_2气凝胶，其骨架颗粒在10～20nm，孔径分布在1～100nm，平均孔径为14.5nm，比表面积高达708.3m^2/g，接触角为145°。这种方法大大降低了干燥过程中的压力，也降低了生产成本和危险，同时提高了对环境的适应能力，十分有利于SiO_2气凝胶材料的商业开发和应用。

3. 常压干燥法制备SiO_2气凝胶

选取水玻璃（$Na_2O \cdot nSiO_2$，$n = 2.36$）、甲酰胺按一定比例混合。通过磁力搅拌使其混合均匀，用冰醋酸调节溶液的pH值，室温下静置使之形成凝胶。将所得凝胶分别在不同老化液（去离子水和无水乙醇）中老化一定时间（1～5d），用自来水和去离子水洗涤数次以除去Na^+，然后在乙醇中浸泡3d进行溶剂置换，每隔24h更换乙醇一次。将所得湿凝胶分别在室温（约25℃）、50℃和80℃依次干燥24h，制得SiO_2气凝胶，流程见图2.3.5。

在以水玻璃为硅源，常压干燥制备SiO_2气凝胶过程中，增加老化时间可以有效提高SiO_2湿凝胶的骨架强度，改善SiO_2气凝胶的性能；采用低表面张力的干燥溶剂可以降低凝胶在干燥过程中所受的毛细管力，减少了凝胶骨架结构的收缩，明显增大 SiO_2 气凝胶的孔隙率，并降低了密度；三甲基氯硅烷改性使得凝胶表面嫁接上憎水基团，减少干燥时的骨架收缩，保持了良好的网络结构，提高了气凝胶的比表面积，而且改善了疏水性能。

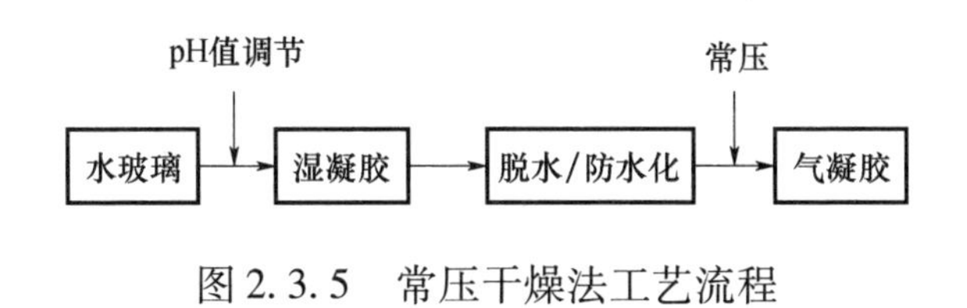

图 2. 3. 5　常压干燥法工艺流程

4. 稻壳裂解法制备 SiO_2 气凝胶

将稻壳用去离子水浸泡、洗净、干燥，在干稻壳中加入 3% HCl 溶液，于装有回凝冷却器的烧瓶中沸煮 12h 后，过滤并用去离子水清洗，再干燥，制得预处理稻壳。将该稻壳置于马弗炉中升温至 540℃ 并保温 4h，得到白色、粒状的 SiO_2 气凝胶。

稻壳裂解法所制得的 SiO_2 气凝胶具有很高的纯度。从纯度的角度来考虑，该 SiO_2 可作为分析纯化学试剂使用，亦可作为太阳能电池的原料来使用。未经预处理的稻壳在较低的温度下裂解，不能得到杂质含量低的 SiO_2。

SiO_2 气凝胶大多由正硅酸乙（甲）酯的水解、缩聚而成，最为常见的气凝胶的制备一般包括溶胶—凝胶和超临界干燥两个过程。由于原料价格昂贵，超临界干燥操作复杂，且不易实现大规模生产，这些缺点在很大程度上限制了 SiO_2 气凝胶实际生产制备的发展及其应用。此外，常压干燥法以其操作简便、安全性高引起了人们的广泛关注，由常压干燥法得到的 SiO_2 气凝胶已表现出良好的性能。稻壳为大宗农业废料，我国年产稻谷约 2 亿吨，稻壳约占稻谷质量的 30%，按此计算，我国稻谷加工厂年副产稻壳 6000 万吨，采用稻壳裂解法制备的 SiO_2 气凝胶能降低原料成本。开展稻壳的资源化研究，变废为宝，具有重要的经济和社会意义。

2. 3. 2 气凝胶的研发成果

国际上关于气凝胶材料的研究工作主要集中在德国的维尔茨堡大学、巴斯夫公司（BASF）、德国电子同步加速器公司（DESY）、美国的劳仑兹·利物莫尔国家实验室（LLNL）、桑迪亚国家实验室（SNL）、法国的蒙彼利埃材料研究中心、瑞典的 LUND 公司、日本的高能物理国家实验室等。

国内 SiO_2 气凝胶的制备及其特性研究于 20 世纪 90 年代起步，主要集中在同济大学、国防科技大学、中南大学、清华大学、浙江大学等高等院校，生产和研发气凝胶的企业有埃力生、金纳、纳诺、乌江、天一等公司。

1. 美国宇航局的研发成果

美国宇航局喷气推进实验室的琼斯博士研制出的新型气凝胶，主要由纯二氧化硅组成。在制作过程中，液态硅化合物首先与能快速蒸发的液体溶剂混合，形成凝胶；然后将凝胶放在一个加压蒸煮器的容器中干燥，并经过加热和降压，形成多孔海绵状结构。

琼斯博士最终获得的气凝胶中空气比例占到99.8%，主要成分和玻璃一样也是二氧化硅，但因为99.8%都是空气，所以密度只有玻璃的千分之一。

2. 鲁阳节能的研发成果

山东鲁阳节能材料股份有限公司申请的“一种气凝胶绝热复合材料及其制法”发明专利，属于气凝胶绝热复合材料技术领域，其构成包括二氧化硅气凝胶、红外遮光剂二氧化钛、不与溶胶反应的增强纤维。该气凝胶绝热复合材料绝热性能好、机械强度较高、使用温度可达1000℃，这是上市公司中少有的与“气凝胶”有关联的公司之一。

3. 同济大学的研发成果

同济大学波耳固体物理研究所采用溶胶—凝胶技术，以TEOS、W粉末、V_2O_5粉末等为原材料，通过溶剂替换、紫外光辐照、混合气氛处理等技术以及提拉镀膜方法在常压下制备WO_3基气致变色建筑节能气凝胶薄膜涂层，并建立气凝胶薄膜多孔结构中粒子的输运模型，极大地丰富了纳米多孔结构的表面与界面作用理论，为气凝胶薄膜新材料在建筑高效节能、锂离子电池阴极材料、太阳能电池表面减反膜等方面的低成本工业化应用开辟了一条崭新的技术路径。

2.4 气凝胶的市场分析

1931 年，美国的学者 Kistler 通过水解水玻璃首次制备得到气凝胶。20 世纪 80 年代，欧洲的一些物理学家开始注意到这种新材料并开始研究。1985 年，德国维尔茨堡大学物理所组织召开首届“气凝胶国际研讨会”。到 20 世纪 90 年代初，美国人又重新进入气凝胶的研究。1993 年，气凝胶成功应用到宇航服、太空飞船、航天飞机等项目，取得可喜成果。

德国资助的同济大学波尔固体物理研究所在 1991 年就开始研究气凝胶并迅速达到了国际先进水平的气凝胶制备技术。当时小范围应用主要集中在核物理领域。到 2000 年左右，由于高昂成本的制约而无法大规模工业化生产，气凝胶始终没有作为一个产业发展起来。近几年，由于能源需求紧张、全球生态环境恶化等原因，学界和业界又开始攻关气凝胶的产业化。到 2013 年左右，这个产业才算发展起来。目前比较领先的是美国，美国气凝胶主要应用于航天、石油化工等领域，同时逐步进入消费品市场。我国的气凝胶现在主要用于高铁、油田等传统行业改造和创新方向上。

2.4.1 气凝胶国内外市场情况

Allied Market Research（美国联合市场研究公司）2014年6月发布的报告称，全球气凝胶的市场价值在2013年为2.218亿美元，估计到2020年可达18.966亿美元，在预测期内（2014～2020年）的年复合增长率为36.4%。随着气凝胶材料在新的应用领域探索的持续进步，市场预计随着时间的推移市场增长的动力会进一步增强。

据美国Freedonia（弗里多尼亚）研究公司报告，在2010年全球绝热材料市场（含气凝胶）估计规模为321亿美元，未来年增长率为6.3%，到2019年可达556亿美元。其中工业和设备领域约占总份额三分之一，建筑领域占总份额的三分之二。

国内市场起步较晚，前期主要是国外气凝胶产品在销售，价格较昂贵，市场推广力度也较小。近年来随着国内气凝胶企业逐步增多，实力不断增强，成本不断下降，规模不断扩大，再加上国内节能减排政策推行的迅速扩大，气凝胶行业驶入了快速发展通道。

2014年国内气凝胶产量约8500m^3，进口产品约1500m^3，市场规模约为1.82亿元。随着气凝胶工艺成本的降低和产业规模的不断扩大，一些新兴应用不断被开发出来，气凝胶市场日益成熟。

中国作为新兴经济体，市场增长速度将会以快于国际平均水平的速度迅速增加，未来几年将进入快速增长阶段。2015 年是国内气凝胶规模的突变之年，已经实现量产的主要气凝胶企业都在大力扩产，总产量约 19600m^3，进口产品约 1000m^3，市场规模达 3.30 亿，预计 2020 年将达到 37 亿元，2015～2020 年的复合增长率约达 61.1%。

目前国内军品领域需求主要集中在航天、兵器及舰艇等领域；民用领域的石油化工、轨道交通、电力工业、矿用井下救生舱和城镇热力管网已经形成一定的市场规模并继续快速增长，特种服装和帐篷、LNG 管线、建筑节能领域应用也开始少量试用。

国家新材料产业“十二五”发展规划指出，保温材料产值将达 1200 亿。预计“十三五”期间节能环保产业将继续获得快速发展。预计 2015～2020 年气凝胶材料将在工业和设备领域获得大批量应用，2020 年开始全面替换传统工业保温材料，分享国内每年 500 多亿的市场；预计 2020 年开始，气凝胶材料在建筑领域将开始大规模的应用，2025 年将全面替代传统建筑保温材料，分享国内每年 1000 多亿的市场。

在国家层面上，比如《纳米多孔气凝胶复合材料》《气凝胶玻璃应用技术规程》《气凝胶毡板应用技术规程》三部标准计划 2017 年全部完成，未来随着气凝胶应用领域的扩大，在声学、力学、电子等方面的都将会有新的标准出台。这一系列国家标准及工程标准的出台将为气凝胶的发展提供更多的指引和规范，从而促进气凝胶市场的成熟。

气凝胶材料目前占据绝热材料市场金字塔的塔尖部分，在整个绝热材料市场中的规模几乎是微不足道，这一方面说明气凝胶产业仍然处于早期起步阶段，同时又预示着其未来巨大的发展空间。制约气凝胶市场拓展的最大障碍是高昂的价格，一旦气凝胶材料的生产成本显著下降，市场规模就会急剧扩大，产品销量也会迅速扩大，并将革命性地替代传统绝热材料。

2.4.2 气凝胶产业要事

2011 年，国家发改委等联合下发的《当前优先发展的高技术产业化重点领域指南（2011 年度)》中明确将纳米多孔气凝胶列为优先发展的新材料产业。

2012 年，SiO_2 气凝胶被纳入国家工信部颁布的《新材料产业“十二五”发展规划》中第六大项前沿新材料、新技术的纳米材料领域，并列入《新材料产业“十二五”重点产品目录》中（编号 330)，成为“十二五”期间重点发展的高新技术产品。

2014 年，正式启动迄今为止投入最大的欧洲项目（800 亿欧元）“地平线 2020”，该项目中重点论述并开展气凝胶隔热保温材料的相关研究。

2014 年 6 月，美国 Allied 市场研究公司报告称，全球气凝胶的市场价值在 2013 年为 2.2 亿美元，到 2020 年预计可到 18.966

亿美元。在预测期内的年复合增长率高达36.4%。

2014年12月，“新材料资本与技术峰会”发布的未来十大潜力新材料，气凝胶名列第三名。

2.5　气凝胶的应用

气凝胶作为一种新材料正在多个领域广泛的发挥作用，这也正是一系列研发的结果。气凝胶的研究基本可以分为两类：一是新材料、新方法、新理论等基础性研究，集中在国内外的各类研究机构，如大学、研究院所等；二是特定方向的应用研究，意在提高品质、产量、品种、降低成本等，集中在气凝胶的工艺、设备、成本、品种等的应用研究，多在各大企业中。

2.5.1　气凝胶特殊性质的应用

1. 分形结构方面

硅系气凝胶作为一种结构可控的纳米多孔材料，表观密度受结构尺寸的影响较大，在一定尺度范围内，其密度往往具有标度不变性，且具有自相似结构。气凝胶分形结构动力学研究结果还表明，不同尺度范围内，有三个色散关系明显不同的激发区域，分别对应声子、分形子和粒子模的激发。改变气凝胶的制备条件，可使其关联长度在两个量级的范围内变化。因此硅系气凝胶已成为研究分形结构及动力学行为的最佳材料。

2. “863”高技术强激光方面

纳米多孔材料具有重要应用价值：利用低于临界密度的多孔靶材料，有望提高电子碰撞激发产生的 X 光光束质量，节约驱动能；利用微球形节点结构的新型多孔靶，能够实现等离子体三维绝热膨胀的快速冷却，提高电子复合机制产生的 x 光增益系数；利用超低密度材料吸附核燃料，可构成激光惯性约束聚变的高增益冷冻靶。气凝胶纤细的纳米多孔网络结构、巨大的比表面积、结构尺度上可控，已成为研制新型低密度靶的最佳候选材料。

3. 隔热材料方面

硅系气凝胶纤细的纳米网络结构有效地限制局域热激发的传播，固态热导率比相应的玻璃态材料低 2 ~ 3 个数量级。纳米微孔洞抑制了气体分子对热传导的贡献。硅气凝胶的折射率接近 1，而且对红外和可见光的湮灭系数比达 100 以上，能有效地透过太阳光，并阻止环境温度的红外热辐射，是一种理想的透明隔热材料。通过掺杂手段，可进一步降低硅系气凝胶的辐射热传导，常温常压下掺碳气凝胶的热导率可低至 0. 013W/(m · K)，是目前热导率最低的固态材料，可望替代聚氨酯泡沫成为新型冰箱隔热材料；掺入二氧化钛的硅气凝胶已成为新型高温隔热材料，800K 时的热导率仅为 0. 03W/(m · K)，作为军品配套新材料将得到进一步发展。

4. 隔声材料方面

硅气凝胶具有低声速特性，是一种理想的声学延迟或高温隔声材料。其声阻抗可变范围较大［$10^3 \sim 10^7$kg/(m^2·s)］，是一种较理想的超声探测器的声阻耦合材料。常用声阻匝 $Zp = 1.5 \times 10^7$kg/(m^2·s) 的压电陶瓷作为超声波的发生器和探测器，而空气的声阻只有 400kg/(m^2·s)，用厚度为 1/4 波长的硅气凝胶作为压电陶瓷与空气的声阻耦合材料可提高声波的传输效率，降低器件应用中的信噪比。初步实验结果表明，密度在 300kg/m^3 左右的硅系气凝胶作为耦合材料，能使声强提高 30dB，如果采用具有密度梯度的硅系气凝胶，可得到更高的声强增益。

5. 环境保护及化学工业方面

纳米结构的气凝胶孔洞大小分布均匀、气孔率高、比表面积大，是一种高效气体过滤材料，同时气凝胶在新型催化剂或催化剂的载体方面也有广阔的应用前景。

6. 储能器件方面

有机气凝胶经过烧结工艺处理后将得到碳气凝胶，这种导电的多孔材料是继纤维状活性炭后发展起来的一种新型碳素材料。它具有很大的比表面积和高电导率，密度变化范围广。在微孔洞内充入适当的电解液，可以制成新型可充电电池，具有储电容量大、内阻小、重量轻、充放电能力强、可多次重复使用等优异特性。初步实验结果表明：碳气凝胶的充电容量高，反复充放电性能良好。

7. 材料的量子尺寸效应方面

硅系气凝胶的纳米网络内可以形成量子点结构，用化学气相渗透法掺 Si 或溶液法掺 C60 的结果表明，掺杂剂以纳米晶粒的形式存在，则可观察到很强的可见光发射，此实验为多孔硅的量子限制效应发光提供了有力的证据。利用硅系气凝胶的结构以及 C60 的非线性光学效应，可进一步研制新型激光防护镜。改变掺杂方法也是形成纳米复合相材料的有效实验手段。

8. 折射率的应用方面

硅系气凝胶是折射率可调的材料，使用不同密度的气凝胶介质用作切伦柯夫阀值探测器，可确定高能粒子的质量和能量。因高速粒子很容易穿入多孔材料并逐步减速，实现“软着陆”，如选用透明气凝胶在空间捕获高速粒子，可用肉眼或显微镜观察被阻挡、捕获的粒子。

2.5.2 气凝胶在工业领域的研究应用

国产气凝胶市场仅仅刚刚起步，生产企业寥寥无几，基本都是生产粉末气凝胶，年总产量在万吨规模，售价在 40 ~ 70 万元/吨，进口气凝胶达到 15 万美元/吨。气凝胶下游应用领域广泛，目前我国气凝胶行业主要产品有气凝胶绝热毡、绝热板、绝热粉体和绝热采光板等。

我国气凝胶行业主要产品还较为初级，大多数企业能够生产气凝胶粉体颗粒，但是不能生产气凝胶复合材料产品。因此，市场上的产品以颗粒为主。能生产复合材料产品的有纳诺高科股份有限公司、广东埃力生高新科技有限公司、浙江通瑞新材料技术有限公司等少数几家公司。

气凝胶作为被全世界科学界广泛关注的新材料，吸引着世界各国科学家倾力研究。科学家们发现气凝胶可使众多行业学科产生质的飞跃，在力学、声学、热学、光学、化学、物理学等方面均有独特的优良性质，在保温绝热材料、隔声材料、红外线吸收材料、催化剂材料、环境保护材料等领域都有广泛用途。

1. 中国航天科工三院306所的研究应用

为了满足我国新一代武器装备对高性能隔热复合材料的需求，306所科研人员开展了气凝胶材料的研究。从材料微观结构的探索，到制备规律的研究，直至掌握气凝胶复合材料工程化应用技术。历经十余年的不懈努力，气凝胶材料技术厚积薄发，取得了重要的突破，研制开发出使用温域覆盖100～2500℃的系列化、规模化的气凝胶材料产品，并可根据客户需求对材料性能进行调控订制，不但解决了我国多个新型武器装备型号的关键材料问题，也在民用领域获得了推广应用。

306所的气凝胶相关产品按照形态和用途分为气凝胶构件、柔性毡、柔性布三大类。气凝胶构件一般是针对特定的使用需求，通过精细化设计并制备出来的。科研人员通过调整配方及工艺，综合平衡材料的隔热性能、密度、可操作性、尺寸精度等各项技术指标，使构件具备最优的综合性能。例如加入抗红外辐射剂，优选合适的增强纤维，使构件具有耐高温、隔热性能稳定、可机械加工等优点；采用特殊的表面处理技术和高温后处理工艺，使材料的强度满足精加工的要求，提高其抗高速气流冲刷的能力。这些不同功能的构件已成功应用于国防装备领域，推动了相关装备的升级换代。

在气凝胶构件技术的基础上，科研人员深入开展低成本技术研究，开发出气凝胶柔性毡产品。此产品具有隔热性能优异、厚度可控、柔性好等优点，可以连续化批量生产。产品的幅宽可达1.5m，长度几十至数百米不等。在相同成本条件下，其隔热保温性能优于传统材料60%以上。此产品已经应用于热力管路、高速铁路车厢、大型舰船等保温领域，未来有望推动建筑节能、石油化工管道保温、高温炉体隔热保温等民用领域传统隔热材料的升级换代。

通过对隔热型气凝胶技术进行功能拓展和材料改性，科研人员又开发出气凝胶柔性布这一创新产品。据介绍，气凝胶柔性布是一种新型面料，具有重量轻、热导率极低、柔韧性优异、平整度高、疏水透气性和易用性良好等特点，适用于保暖服装、鞋帽、帐篷等户外用品和高温电子电器产品。目前，306所已经完成了气凝胶柔性布的中试生产以及气凝胶保温鞋的试制和初步推广，经过试穿，用户反馈气凝胶保温鞋在保暖、轻便、舒适等方面较传统冬靴具有显著优势。

此外，306所还针对卫星和高速飞行器的热控需求，开发了一系列具有温度可调、相变吸热量大的高性能相变材料。相变材料是可将一定形式的能量在高于其相变温度时储存起来，而在低于其相变温度时释放出来加以利用的储能材料，如我们常见的水就是典型的相变材料，在冰与水的转化过程中会吸收或放出大量的热。科研人员将相变材料与气凝胶材料结合起来，制备出既保温又调温的产品，大大提升了上述材料在建筑、户外、电子、低温等领域的应用价值。306 所还推出了采用高焓值高热导率相变材料的智能调温杯等产品。

为了支撑气凝胶工程化技术研究，306 所持续推进气凝胶生产条件建设。目前已建成亚洲最大的 3500L 超临界二氧化碳干燥设备平台；还陆续建成了高低温热物理性能、力学性能、耐环境性能等试验研究和性能评测能力。具备了从材料基础研究、隔热结构设计、产品工程研制、批生产到试验评价的综合能力，能够满足客户各种层次的需求。

在开展科技创新及产品研发的同时，306 所也注重知识产权的保护，已经申请有关气凝胶的发明专利近 30 件，已获授权 15 件。值得一提的是，2013 年 306 所“结构可控二氧化硅气凝胶隔热复合材料技术”项目喜获国家科学技术进步二等奖，进一步奠定了 306 所在国内同行业的领先地位。

在 2011 年，中国航天科工三院 306 所“结构可控二氧化硅气凝胶隔热材料技术研究”顺利通过了航天科工集团公司成果鉴定。经专家审查的项目研制总结报告、查新报告、应用证明和测试报告，项目研制的系列气凝胶隔热材料具有广阔的应用前景，已经成功应用于多型热防护系统以及多型热电池，综合技术水平处于国内领先，达到国际先进水平。

项目通过攻克二氧化硅气凝胶的结构控制技术以及相关工艺实施技术，搭建了国内最大的1500L超临界二氧化碳干燥设备，研制出中温型、高温型和高温透波型3种二氧化硅气凝胶隔热材料。其中，1100℃高温型二氧化硅气凝胶材料以及透波型气凝胶材料国际上未见相关报道。项目形成相关专利14项，其中授权专利3项。

2. 与中国航天科工三院306所合作项目的研究应用

2014年8月8日，中国航天科工三院306所和华星美科新材料科技（江苏）有限公司共同组建成立气凝胶技术国际研发中心，力图打造国际先进、国内领先水平的气凝胶技术研发基地。

新成立的气凝胶技术国际研发中心将在5年内建成，包括整套试验、测试和评价平台的研发中心，组建30人以上的创新研究团队，申请发明专利20余项，实现2个以上重大课题立项和2项以上气凝胶材料应用项目产业化落地；远期目标则是在10～15年内取得一大批具有国际先进水平的技术应用成果，形成包括纳米气凝胶技术、应用技术、产品、配套设备、技术服务等高水平综合研发能力，并以研发中心和产业园为核心，通过引入石油化工管道生产服务企业、建筑外墙保温材料生产企业、保暖服装和户外鞋靴生产企业、移动通讯用隔热材料生产企业等，配套形成产业集群，至少实现10项高附加值技术成果产业化落地，实现气凝胶各系列材料销售额100亿元以上，带动1000亿元的相关衍生产业发展。

为了推进气凝胶产业化进程，在国家发改委、财政部和镇江市政府等大力支持下，306所在镇江建成了民用低成本气凝胶材料生产线，可以批量制备大尺寸、不同规格、性能可调的高档气凝胶保温毡、柔性气凝胶布料等产品，已具备年产4万 m^3 气凝胶柔性毡和50万 m^3 气凝胶柔性布的产能。

3. 国内企业的研究应用

长久以来，我国在气凝胶研究和开发主要集中在附加值较高的航空航天、医药等方面，众多领域仍属空白。气凝胶国内研发及产能则主要集中在浙江大学、中南大学、同济大学、国防科技大学、绍兴纳诺高科股份有限公司、广东埃力生高新科技有限公司等。

广东埃力生高新科技有限公司被清远市委书记葛长伟誉为藏在山沟里的“金凤凰”。其生产的气凝胶材料产能可达到2亿元，是国内第一家、世界上第二家能规模化生产气凝胶材料的企业，填补了中国自主产业生产气凝胶材料的空白，打破中国气凝胶材料被国际垄断供应的局面。这种厚度不到1cm的气凝胶板材，正面经受1300℃的火焰喷射，背面依然可以用手摸、用脸贴；将其放在花瓣上，不会把花压倒；沾上水后，又能像荷叶一样防水。这个被称之为“改变世界的神奇材料”，如今便在远离英德市区

20km 处的厂房里规模生产。

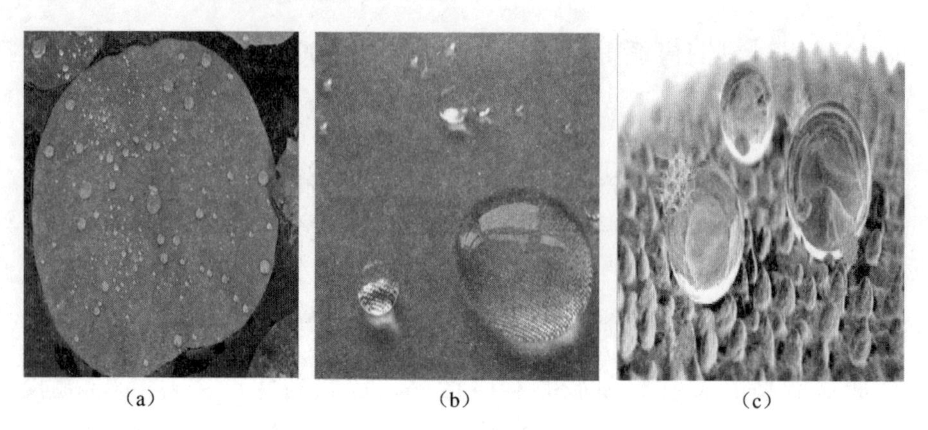

（a） （b） （c）

图 2.5.1 气凝胶的“荷叶效应”

2.5.3 气凝胶的前沿应用

1. 制作火星探险宇航服

2002 年，美国宇航局成立了一家公司，专门生产更结实更有韧性的气凝胶。美国宇航局 2013 年已经确定，在 2018 年火星探险时，宇航员们将穿上用新型气凝胶制造的宇航服。该公司的资深科学家说：“这是我见过的最有效的恒温材料，只要在宇航服中加入一个 18mm 厚的气凝胶层，就能帮助宇航员扛住 1300℃的高温和 –130℃的超低温”。

2. 防弹不怕被炸

防弹是新型气凝胶的一个重要用途，美国宇航局对用气凝胶建造的住所和军车进行测试。根据试验情况来看，如果在金属片上加一层厚约 6mm 的气凝胶，就算炸药直接炸中，对金属片也分毫无伤。

3. 处理生态灾难

环保是新型气凝胶的另外一个重要作用。科学家们将碳气凝胶亲切地称为“碳海绵”，因为其表面有成百上千万的小孔，是非常理想的吸附水中污染物的材料。美国科学家新发明的气凝胶居然能吸出水中的铅和水银。据这位科学家称，这种气凝胶是处理生态灾难的绝好材料，比如说 1996 年“海上快车”油轮沉没后，72000 吨原油外泄，如果当时用上这种材料的话，那么就不会导致整个海岸受到严重的污染。

4. 最新的保温材料

新型气凝胶也将步入我们每个人的未来日常生活。英国的 Dunlop（邓禄普）体育器材公司已经成功研发了含有气凝胶的网球拍，这种网球拍击球的能力更强；2012 年年初，66 岁的鲍博·斯托克成为第一个将气凝胶用于住房的英国人，保温加热的效果非常好，空调的温度下降了 5℃，但室内的温度仍然非常舒适；登山者也对气凝胶的运用充满了希望，英国登山家安尼·帕尔门特 2011 年登珠峰时所穿的鞋子就是碳纤维加气凝胶材料内底，他的睡袋里也有一层这种新材料；气凝胶材质帐篷适用于极低恶劣环境的南极洲、北极圈探险队，具有防水、透气、质轻、保温等功能。

(a)

(b)

图 2. 5. 2　邓普禄公司研发的气凝胶网球拍

图 2. 5. 3　英国安妮 · 帕尔门特所穿气凝胶制成的

图 2. 5. 4　气凝胶材质帐篷

2.6 透明透视气凝胶玻璃

气凝胶玻璃是把保温最好的气凝胶材料引入玻璃中，形成的新产品。最早最简单的方法是把无定形颗粒状的气凝胶填充到中空玻璃的密封腔中，再加上支撑网格，减少气凝胶颗粒的粉末化。随着气凝胶研究水平和生产制备设备、工艺的提升和进步，已经可以做出来透明透视（像）的气凝胶新产品。

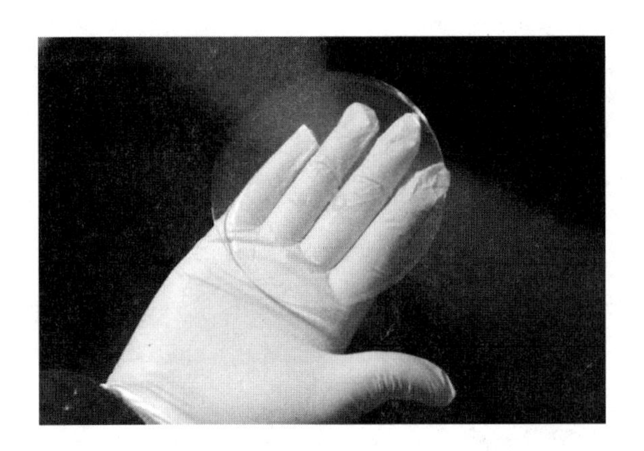

图 2.6.1　气凝胶

表 2.6.1　气凝胶玻璃的参数对比

透光类型	常用规格	传热系数 U 值/[W/m^2·K]	可见光透射比/%	遮阳系数 Sc	隔声量/dB	应用领域
气凝胶透明玻璃	1 级	1.0 < U≤1.5	70 ~ 73	—	≥30	幕墙玻璃
	2 级	0.5 < U≤1.0	60 ~ 70	—	≥32	
	3 级	U≤0.5	33 ~ 60	—	≥35	

制成一整块大尺寸的气凝胶，现在的设备和技术已经可行。从比较大的尺寸再到更大的尺寸，主要是工艺精细程度的控制，包括制备过程的精细化设计、实施、检测和优化。更重要的是气凝胶的透明度和雾度，这和原材料种类、胶体老化胶凝过程、湿凝胶清洗工艺、干燥成型过程等密切关联。目前已知有多家气凝胶研发和生产单位已经能制备出整块的尺寸较大的气凝胶。

图 2.6.2　大尺寸气凝胶

2.6.1 大尺寸气凝胶的制备流程

制备 SiO_2气凝胶的方法很多，其中常用的主要工艺有酸催化法、碱催化法以及酸碱催化溶胶—凝胶法。其中酸碱催化溶胶—凝胶两步法最为常用，过程主要分为三个部分：

1. 凝胶的制备：SiO_2硅凝胶是通过溶胶—凝胶法得到。准备好的溶胶里面含有硅源溶液和催化剂，然后进行凝胶。凝胶根据所用的分散介质可以分为水凝胶、醇凝胶、气凝胶（分散介质分别是水、乙醇和空气）。

2. 湿凝胶的老化：把第一步得到的凝胶在母液中进行老化。老化过程就是进一步的促使溶胶变成凝胶，固化其结构，增加其强度，这样可以使得干燥过程中凝胶的收缩降到最低。

3. 湿凝胶的干燥：在这一步中，凝胶必须不受微孔中液体的约束。干燥必须在特殊的条件下进行，以防止凝胶结构的坍塌。

溶胶—凝胶过程的聚合反应过程包括以下三个阶段：

1. 溶液相的单体通过聚合作用形成溶胶粒子；

2. 粒子逐渐长大，聚集形成小团簇；

3. 小团簇间发生相互交联形成大团簇，并贯穿整个液体介质，网络变粗形成凝胶，得到了湿凝胶。

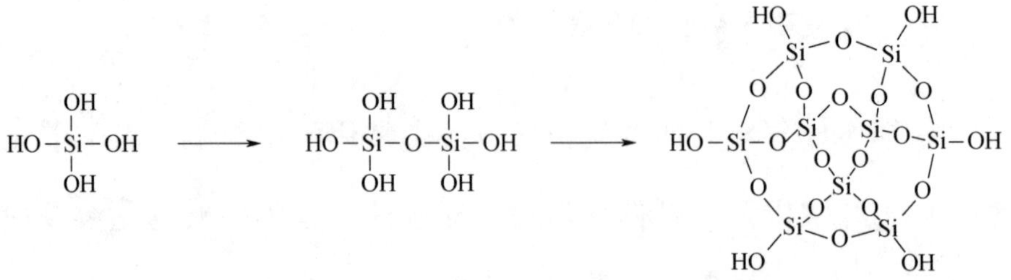

图 2.6.3　溶胶—凝胶过程的聚合反应流程示意图

2.6.2　干燥成型对制备大尺寸气凝胶的影响

经过溶胶—凝胶以及老化过程而获得的湿凝胶，主要由弹性的三维网络骨架结构构成，而这些网络结构中小的孔洞里充满了液体介质。要获得 SiO_2气凝胶，传统上经常使用的是超临界干燥方法来制备气凝胶，工作原理就是通过高温高压使干燥介质达到超临界状态，气液界面消失，形成了一种介于气体和液体之间的均匀流体，此时表面张力不复存在，就可避免凝胶体的收缩以及多孔网络结构的坍塌，从而获得结构完整、性能良好的纳米多孔 SiO_2气凝胶。

2.6.3　胶体老化对气凝胶玻璃透明度的影响

老化过程相当于是凝胶化的继续。凝胶形成之后，溶液相中的单体或较小的凝胶团簇体继续聚合并通过网络联接，与此同时已形成的凝胶网络之间也会发生相互交联，网络逐渐的变粗，凝胶强度也得到提高。

不同温度下 SiO_2 气凝胶的制备主要是控制溶胶—凝胶老化的温度条件，按照透明 SiO_2 气凝胶的制备流程，分别在20℃、25℃、30℃、35℃、40℃温度下制备凝胶并使其老化。在30℃之前，SiO_2 气凝胶的透光率是随着凝胶温度的升高而逐渐升高；但是在30℃之后相应样品的透光率则是随着凝胶温度的升高反而降低。这主要是因为较高的凝胶温度使得溶胶中的反应活性粒子数量增多，溶胶颗粒之间的缩聚作用增强，溶胶颗粒来不及成长就形成了凝胶网络结构，从而使得该气凝胶的骨架结构细小，骨架间的孔径大小分布相对不均匀，导致样品中存在微孔和大孔，光散射增加，透光率降低。根据图2.6.4可知在30℃凝胶温度时，相应样品的透光率在800nm波长处高达92.4%。

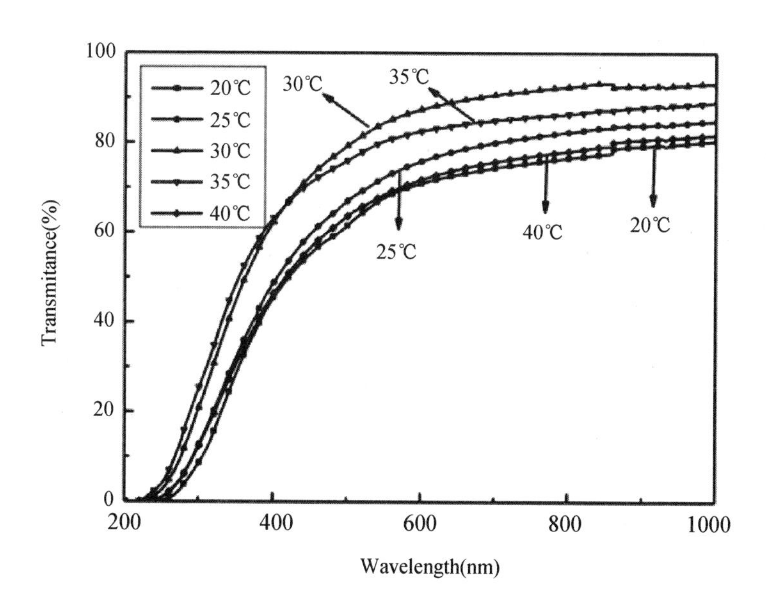

图2.6.4　不同温度下 SiO_2 气凝胶的透光率变化图

类似地，对其他重要的因素逐一筛选优化，可用于制备大尺寸完整的气凝胶并应用于气凝胶玻璃中，使其透明度大大提高。

Aerogel insulating glass unit

3 气凝胶的美好未来

3.1 气凝胶的发展方向

3.1.1 气凝胶应用的探索历程

气凝胶是一种具有纳米多孔结构的轻质材料，是目前已知热导率最低的隔热材料。由于其制备技术难度大，最初仅应用于宇航等特殊领域中。

2014 年世界材料大会提出，气凝胶由 90% 以上的空气和不足 10% 的固体构成，它可以承受相当于自身质量几千倍的压力，在温度达到 1200℃ 时才会熔化。此外，它的导热性和折射率也很低，绝缘能力比最好的玻璃纤维还要强 39 倍。由于具备这些特性，气凝胶成了航天探测中不可替代的材料，俄罗斯“和平号”空间站和美国“火星探路者”探测器都用它来进行绝缘。

除航天领域应用外，气凝胶还可广泛应用于军工、石化、电力、冶金、建筑、服装等众多领域，是传统保温材料的革命性替代产品。

在新材料领域，“气凝胶”成了近两年出现频率不断增加的热词，科研院校不断传出研发新动向、应用新进展；山东、江苏、浙江、湖南、陕西、河南等省也将气凝胶材料的发展列入本省重点支持领域和发展重点；2017 年 1 月 6 日国家发改委将气凝胶材料列入国家重点节能低碳技术推广目录。

气凝胶领域专家、同济大学教授沈军先生介绍，气凝胶材料是当今世界上已知的最轻固体材料，目前最轻的气凝胶仅有 0.16mg/cm^3，比空气密度略低，具有极大的比表面积和极低的导热系数。用气凝胶材料做成的防寒外套，仅 3mm 厚但具有与 40mm 厚鸭绒外套相同的保温效果。在 -196℃ 的液氮测试中，这件气凝胶材料做成的防寒外套内部还能保持约 31.6℃ 的温度。气凝胶是一种可以改变世界的神奇纳米材料，气凝胶之所以具有这样的禀性，主要由于其特殊的纳米多孔结构。

令人欣慰的是，我国的气凝胶材料产业化水平几乎与世界同步，并且呈现出良好的赶超态势。据了解，2001 年与美国宇航局有密切关系的 Aspen 公司的成立，是气凝胶产业化的开始；而我国气凝胶研究从 20 世纪 90 年代已经开始，首家商业化公司成立于 2004 年。

沈军教授表示，目前气凝胶产业发展比较领先的是美国和中国，中国已经达到了国际先进水平。“总体不低于国际水平，某些指标高于美国产品，应用市场也不少于美国。”同济大学倪星元先生这样总结。

据业内人士介绍，2016 年 11 月 3 日，我国新一代大运力运载火箭“长征五号”在海南文昌卫星发射中心成功首飞。其中，为火箭燃气管路系统提供隔热保温的就是国内自主研制的高性能纳米气凝胶隔热毡。我国的气凝胶除了应用在航空航天领域，还应用于石油化工、高铁、油田等领域，应用市场广泛。

随着时间发展，建筑保温材料要求越来越高，要求比重低，防火、导热系数高。气凝胶毡与现有的保温材料相比，其热导率较低，保温隔热性能优秀；气凝胶毡更轻薄，同样质量可以覆盖更多面积；此外，气凝胶复合制品还在隔声、防火、防潮等方面性能优异。

多位业界人士表示，目前制约气凝胶市场拓展的最大障碍是价格：在建筑领域隔热、保温上，现有保温材料几十元一平方米，两三年前气凝胶每平方米要 200 元以上，但随着气凝胶规模化生产，现在已经降到了 100 多元每平方米。虽然目前气凝胶的价格与市场接受程度还有差距，但我们相信今后二者会越来越接近。

气凝胶按成分不同，主要分为二氧化硅气凝胶、氧化铝气凝胶、氧化锆气凝胶和碳气凝胶等。目前，二氧化硅气凝胶技术最为成熟，市场应用最广。国内外气凝胶的产业化发展大多围绕二氧化硅气凝胶绝热应用展开。

碳气凝胶的制备工艺也较为成熟，国内碳气凝胶材料作为锂电池的阳极材料以及海水淡化电极已有应用，而且碳气凝胶材料已经作为大型激光装置中高激光损伤阈值的光学薄膜在应用。但是碳气凝胶生产成本较高，阻碍了其应用范围以及应用量的扩大。专家建议，应当简化碳气凝胶的制备工艺，降低其生产成本。

业内一位企业主认为，一旦气凝胶材料生产成本得以显著下降，市场价格也会下降，市场规模就会急剧扩大。果如此，二氧化硅气凝胶必将革命性地替代传统绝热材料。

3.1.2 气凝胶制备技术及发展

1. 传统 SiO_2 气凝胶的缺点

SiO_2 气凝胶与孔洞结构在微米级和毫米级的多孔材料不同，其纤细的纳米结构使得材料的热导率极低，具有极大的比表面积，对光、声的散射均比传统的多孔性材料小得多。SiO_2 气凝胶的热量传递通过固体热传导、气体热传导和辐射热传导三种方式共同完成。SiO_2 气凝胶的孔隙和纤维的纳米多孔网络结构的弯曲路径分别阻止了空气的气态热传导和凝胶骨架的固态热传导，通过掺杂红外吸收剂还可以阻隔热辐射。这三方面共同作用，几乎阻断了热传递的所有途径，使 SiO_2 气凝胶起到很好的绝热效果。SiO_2 气凝胶的导热系数在 0.013W/（m·K）以下，远低于常温下静态空气的导热系数［0.025W/（m·K）］，且具有密度低、防水阻燃、绿色环保、防酸碱、耐腐蚀、不易老化、使用寿命长等特点。SiO_2 气凝胶的主要成分为 SiO_2，不含对人体有害的物质，所得的产品无放射性，与传统隔热材料相比更具优越性。此外，SiO_2 气凝胶有较高的声阻抗性，吸附能力超过了传统的活性碳吸附材料，产品具有很高的附加值，因此被称为超级隔热材料。

但是，SiO_2气凝胶独特的网络结构、高孔隙率和低密度等特点也导致了其本身质地脆弱，并且在温度较高的环境中，半透明的SiO_2气凝胶材料很难阻抗辐射热导率的影响，因此在很多领域中，SiO_2气凝胶较难作为隔热材料单独使用，需要对其进行掺杂改性处理或者与其他隔热材料复合使用才能达到理想的使用效果。

传统气凝胶的制备需要昂贵的原料和超临界干燥设备，生产成本极高，这是阻碍气凝胶商业生产的主要原因。最新发展的气凝胶制造方法已改用低成本原料如水玻璃等，而且无须进行超临界干燥，生产成本大幅下降，将促使更多的气凝胶商业应用。如何获得在较低的密度下兼有良好强度和热导率的气凝胶复合材料是今后研究的课题之一。

2. SiO_2气凝胶的超临界干燥工艺和常压干燥工艺

目前，SiO_2气凝胶的制备通常包含溶胶—凝胶和干燥两个主要过程，通过溶胶—凝胶工艺获得所需纳米孔洞和相应凝胶骨架。由于凝胶骨架内部的溶剂存在表面张力，在普通的干燥条件下会造成骨架坍缩，因此，气凝胶制备技术核心在于避免干燥过程中毛细管力导致的纳米孔洞结构塌陷。

同济大学沈军教授形象地介绍，这类似于做豆腐，首先要用原料做成豆浆，然后凝固变成豆腐，如果将豆腐里面的水分挤出去就是豆干，变成豆干后体积大幅减小。气凝胶的制备类似于要将豆腐里的水分挤出去，但体积又不能缩小，要补充气体进去，所以比较难。

根据工艺不同，气凝胶干燥主要分为超临界干燥工艺和常压干燥工艺两种。超临界干燥技术是最早实现批量制备气凝胶的技术，也是目前国内外气凝胶企业采用较多的技术，通过压力和温度控制，使溶剂在干燥过程中达到其本身的临界点，处于超临界状态的溶剂无明显表面张力，从而可以实现凝胶在干燥过程中保持完好骨架结构，在保持原有结构的前提下去除凝胶内的大量液体而制得气凝胶。

常压干燥工艺的原理是首先选用一种低表面张力的溶剂置换湿凝胶孔洞中表面张力较大的水和醇，然后对凝胶表面进行疏水改性，使凝胶收缩程度降至最低；另外，通过调节凝胶孔洞的均匀性和增强网络骨架强度来减小毛细管压力的影响，从而可以使在常压下制得的气凝胶的结构和性质与超临界干燥工艺制备出的气凝胶相接近。

超临界干燥使用高压设备，一般工作压力高达7～20MPa，前期投入高，运行和维护成本也较高；常压干燥技术采用常规的常压设备，由于不需要高压条件，前期投入低，但技术门槛却较高，对配方的设计和流程组合优化有较高要求。

专家认为，常压干燥是一种新型的气凝胶制备工艺，是当前研究最活跃、发展潜力最大的气凝胶量产技术。

业内人士介绍，气凝胶如果要迎接建筑保温的巨大市场，比如达到年产50万 m^3 的中型规模，采用超临界干燥技术的设备投入将高达数十亿元，不利于气凝胶企业做大做强。而采用常压干燥技术，企业用较少投资就可以实现较大生产规模，更能适应未来大规模生产的需要。

此外，受限于硅源，超临界干燥技术的原料成本降低空间有限，只能通过优化系统提高生产效率；而常压干燥工艺对廉价硅源接纳能力较强，流程优化方面也有较多自由度，因而拥有更大的成本下降空间。

另外，常压干燥能够实现气凝胶连续式自动化生产，效率可提高3～5倍，产品质量的稳定性和生产安全水平也可大幅提升。

3. 其他原料制备SiO_2气凝胶的方法

（1）以硅溶胶为原料

进入21世纪，科学家们开始从降低成本的角度考虑，探索使用其他原材料制备SiO_2气凝胶的方法。同济大学的甘礼华等应用廉价的国产硅溶胶为原料，通过老化过程和低温常压非超临界干燥，制备出孔径均匀、微观结构良好、外观形状与使用正硅酸乙酯为原料制备出的SiO_2气凝胶完全一致的块状样片。国防科技大学的赵大方等人以硅溶胶为原料，通过三甲基氯硅烷/六甲基二硅氧烷混合液对制得的水凝胶进行表面改性，在常压条件下干燥后得到疏水的SiO_2气凝胶。

（2）中国航天科工集团三院306所气凝胶构件技术和低成本技术的研究

在中国航天科工集团三院306所（简称306所）科技人员的

努力下，民用低成本气凝胶材料生产线已建成，可以批量制备大尺寸、不同规格、性能可调的高档气凝胶保温毡、柔性气凝胶布料等产品，具备年产 4 万 m^3 气凝胶柔性毡和 50 万 m^2 气凝胶柔性布的产能。其核心专利“一种多组元气凝胶复合材料及其制备方法”还获得了 2014 年度中国专利奖优秀奖。

据介绍，306 所的气凝胶相关产品按照形态和用途分为气凝胶构件、柔性毡、柔性布三大类。气凝胶构件一般是针对特定的使用需求，通过精细化设计并制备出来的。科研人员通过调整配方及工艺，综合平衡材料的隔热性能、密度、可操作性、尺寸精度等各项技术指标，使构件具备最优的综合性能。例如，加入抗红外辐射剂，优选合适的增强纤维，使构件具有耐高温、隔热性能稳定、可机械加工等优点；采用特殊的表面处理技术和高温后处理工艺，使材料的强度满足精加工的要求，提高其抗高速气流冲刷的能力。这些不同功能的构件已成功应用于国防装备领域，推动了相关装备的升级换代。

在气凝胶构件技术的基础上，他们深入开展低成本技术研究，开发出了气凝胶柔性毡产品。该产品具有隔热性能优异、厚度可控、柔性好等优点，可以连续化批量生产。产品的幅宽可达 1.5m，长度几十至数百米不等。在相同成本条件下，其隔热保温性能优于传统材料 60% 以上。该产品已经应用于热力管路、高速铁路车厢、大型舰船等保温领域，未来有望推动建筑节能、石油化工管道保温、高温炉体隔热保温等民用领域传统隔热材料的升级换代。

科研人员还通过对隔热型气凝胶技术进行功能拓展和材料改性，开发出了气凝胶柔性布。气凝胶柔性布是一种新型面料，具有质量轻、热导率极低、柔韧性优异、平整度高、疏水透气性和易用性良好等特点，适用于保暖服装、鞋帽、帐篷等户外用品和高温电子电气产品。目前，306 所已经完成了气凝胶柔性布的中试生产以及气凝胶保温鞋的试制和初步推广。

（3）以工业级水玻璃为硅源

以工业级水玻璃为硅源，用水为反应物及溶剂，经酸碱两步催化，在45℃常压干燥下制备 SiO_2气凝胶，并对其结构与性能进行了对比，研究了氨水浓度、水解时间、溶胶 pH 值对凝胶时间和气凝胶性能的影响。结果表明：该方法制备的 SiO_2气凝胶具有典型的气凝胶结构特征，孔洞尺寸和比表面积分别为 8 ~ 12nm、353 ~ 613m^2/g，粒径为 10 ~ 20nm，密度 0. 108 ~ 0. 15g/cm^3，导热系数 0. 02108W/（m · K），具有高保温性能。

（4）果胶和二氧化硅制成复合气凝胶

在欧洲航空硬币工程中，一支团队与来自瑞士联邦材料科学与工程实验室的 Matthias Koebel 和来自 MINES ParisTech 的 Tatiana Budtova 合作制备了一种复合气凝胶，它是由果胶和二氧化硅形成的网状结构构成。这种材料有特定的机械性能，不易脆断，灰尘逸出极少，并且拥有极佳的绝热性能。

为了优化果胶和二氧化硅的相对浓度，在凝胶过程中关键是控制 pH 值。在 pH 为 1. 5 时，二氧化硅凝胶化时间大约在 14d 之内，但当 pH 超过 4 时，几分钟之内便可完成。在 pH 低于 2. 0 时，果胶凝胶化缓慢；pH 在 2 ~ 3 之间时，凝胶化过程在几分钟之内便可完成；但 pH 超过 3. 5 时，胶体便不再凝聚。最佳的值是 pH = 1. 5，此时两种原料都缓慢凝胶成均匀的混合体。经过清洗和疏水化处理之后，气凝胶用超临界的二氧化碳进行干燥。与具有脆弱的珍珠项链结构的纯二氧化硅气凝胶相比，掺杂的气凝胶有更厚更强的结构，机械稳定性更高。

3.2 弹性气凝胶研究

在应用中，气凝胶在许多完全不相干的领域中崭露头角、颠覆传统，其表现的性能远远超过了传统的材料，有些甚至让人不敢相信。尽管这些性能看似不相干，但其实都是由气凝胶的自身结构所致，由其多孔的物理结构赋予的基本属性，比如保温，就是因其“固定”了空气；又比如吸油，基本是由于气凝胶是多孔的，碳气凝胶和原油更具有天然的亲和性，自然表现出极好的吸油性；又比如金属气凝胶可以用于电池的储能，提升能量密度。虽然气凝胶具有这些优异的性能和抢眼的表现，但如何优选气凝胶的空隙尺寸、配比及均匀性仍然是研究的重要课题。如果能控制气凝胶的孔径大小和比例，这将对气凝胶的性能至关重要。如果孔径随机分布或特定尺寸均是某一应用控制的特点，则进一步在成本、效率等方面跟进研究就会更加有针对性。国内保温氧化硅气凝胶的低成本研发的成功就是一个很好的佐证实例。

气凝胶本身比较脆，不能或不易做出特定形状的成品，这时就可以考虑气凝胶与其他材料的复合，形成特定的形态，满足某种具体的应用。气凝胶保温毡就是以（玻璃）纤维为骨干，作为最初胶体凝结的附着体，引导凝聚胶体，最后再形成保温毡的。如果将玻璃纤维换成弹性的其他纤维，最后就应该形成弹性体的气凝胶小块体或球，如果控制得法，其外观也可以非常均匀美观。实际上，同济大学的气凝胶研发团队已经制成了气凝胶弹性球。既然可以制球，当然也可以制成其他形状，如片状、条状、絮状等，比较方便地用在保温服装上，可以拓展高寒运动，保障人员的活动舒服自如。

3.2.1 弹性气凝胶的制备

近年来，为改善 SiO_2 气凝胶的机械性能采用了多种方法，主要包括纤维复合、有机－无机复合等。但是纤维复合没有从本质上改善气凝胶的机械性能，而有机－无机复合工艺比较复杂，难度较大。通常气凝胶制备采用的硅源为四官能团烷氧基硅烷［Si（OR)$_4$］，如正硅酸乙酯、正硅酸甲酯等。如果采用三官能团烷氧基硅烷［Si（OR)$_3$］为硅源制备气凝胶，则可以利用硅烷中本身含有的烷基，不通过掺杂便可以改善气凝胶的机械性能。Kanamori 和 Dong 等以甲基三甲氧基硅烷（MTMS）为硅源，以甲醇或乙醇为溶剂，制备了弹性气凝胶。但用这种方法形成的凝胶网络结构不均匀，得到的凝胶透明度低，甚至不透明。Kanamori 等以 MTMS 为硅源，改用水为溶剂，以脲受热缓慢分解产生的氨水作为碱性催化剂，用 CO_2 超临界干燥制备了具有弹性的透明气凝胶。但是脲分解需要较高的温度，分解速度也较慢，并且加入的脲引入了新的杂质，延长了凝胶和溶剂替换时间。改进的工作是直接加入氨水作为碱性催化剂，以 MTMS 为硅源、水为溶剂，快速制备了湿凝胶，采用酒精超临界干燥方法制备了低热导率、弹性的透明气凝胶。

实验制备的 MTMS 气凝胶为圆片状，透明度较好。对于厚度为 1cm 的样品，其可见光透过率高，可达到 58.2%，比 Kanamori 等制备的弹性气凝胶略低（其可见光透过率在 40%～85% 之间）。究其原因是由于在第二步中直接加入氨水导致 MTMS 分子质量的原位增长与结构的不均匀性，缩聚物分子质量分布较宽，从而使气凝胶的透明度下降。此外，高温酒精超临界干燥会在干燥过程中发生表面活性基团的反应而改变其微结构，这同样会引起透明度下降。因为 MTMS 三官能团结构，气凝胶骨架表面具有更少的 －OH 和更多的 $-CH_3$，所以制备的 MTMS 弹性气凝胶具有良好的疏水性能，样品 MTMS4 与水的接触角为 154°。弹性气凝胶密度在 101～226mg/cm^3 之间，直径在 3.5～5.6nm 之间。

图 3.2.1 为样品的实物照片，表 3.2.1 为样品的部分物理性能。由 SEM 照片（图 3.2.2）可以看到，样品 MTMS4 具有较均匀的纤维状纳米多孔网络结构，孔径在 50nm 以下，而 TMOS4 为球状聚合结构。由比表面积与孔径分析仪测量样品

的比表面积、孔径分布和 N_2 吸附－脱附曲线，得到样品 MTMS4 的比表面积为 $609m^2/g$，比样品 TMOS4 稍低（样品 TMOS4 的比表面积为 $673m^2/g$）。图 3.2.3（a）为样品 MTMS4 的 N_2 吸附－脱附等温线，图中吸附曲线与 C 类曲线较吻合。此类曲线表明，气凝胶孔结构主要是锥形或双锥形管状毛细孔。孔径分布图［图 3.2.3（b）］显示，样品 MTMS4 的孔径主要分布在 5～40nm 之间，平均孔径为 18.7nm，同时也存在 3nm 以内的微孔。SEM 照片和孔径分布图都验证了 MTMS 气凝胶具有纳米级孔洞结构。

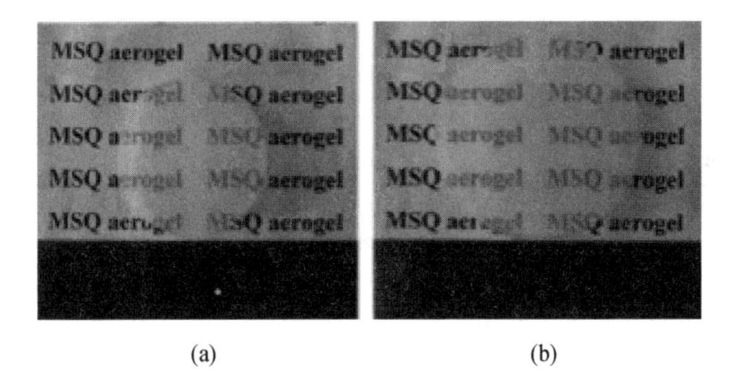

图 3.2.1　样品 MTMS2（a）和 MTMS4（b）的实物照片

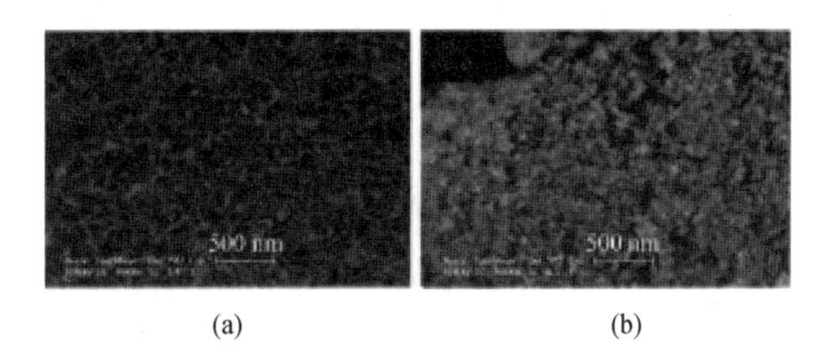

图 3.2.2　样品 MTMS4（a）与 TMOS4（b）的 SEM 照片

表 3. 2. 1　样品的部分物理性能

Samples	Bulk density/ (mg/cm^3)	Storage modulus[a] /MPs	Thermal conductivity[b] [W/ (m·k)]	Surface area / (m^2/g)	Average pore size/nm	Visible – light Transmit – tanec[c]/%
MTMS1. 5	226	2. 5	0. 033	—[d]	—	8. 4
MTMS2	172	2. 1	0. 030	586	19. 4	58. 2
MTMS3	120	1. 5	0. 029	—	—	51. 6
MTMS4	102	1. 0	0. 028	609	18. 7	53. 9
MTMS5	95	0. 7	0. 028	—	—	54. 3
TMOS4	102	1. 2	0. 027	673	18. 3	—

a Measured at 35℃ in air; b Measured at 25℃; c Measured at 550 nm for a 10mm thick aerogel; d Not measured

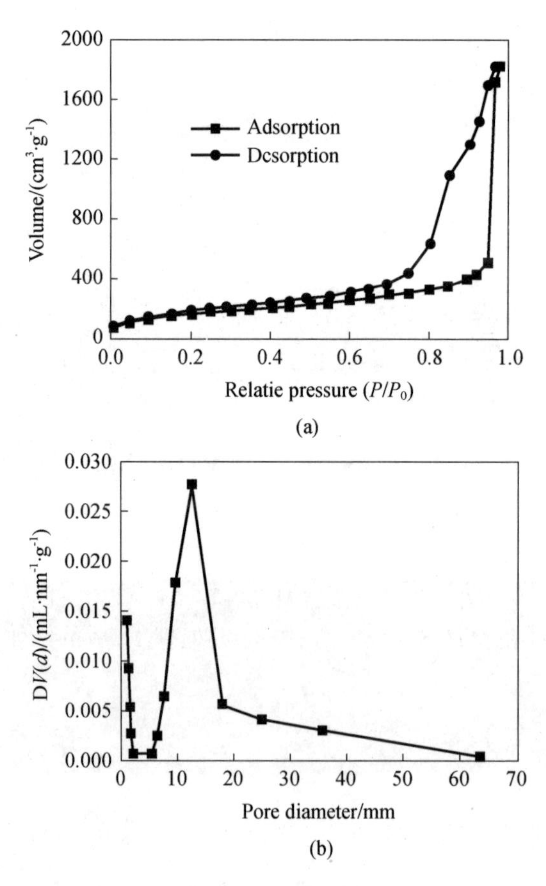

图 3. 2. 3　样品 MTMS4 的 N_2吸附－脱附等温线（a）和孔径分布图（b）

图3.2.4为样品的红外图谱，曲线a为MTMS4的红外图谱。1632cm^{-1}和3441cm^{-1}处的吸收峰分别源自H－O－H和－OH的振动。两峰都较小，说明样品MTMS4的羟基数量较少。783cm^{-1}和1274cm^{-1}处的吸收峰源自Si－C的振动。这两个较大的峰说明样品MTMS4中含有较多的甲基。由图3.2.4曲线b可知，样品TMOS4对应的甲基吸收峰相对较小，这说明样品TMOS4的甲基相对较少。由图3.2.4曲线c可知，MTMS4经过500℃处理1h后其甲基已基本去除，红外图谱变得与TMOS4基本相同。而经过400℃处理4h后，MTMS4的红外图谱基本不变。由此可知，MTMS气凝胶保持甲基基本不变的耐热温度在400℃与500℃之间。

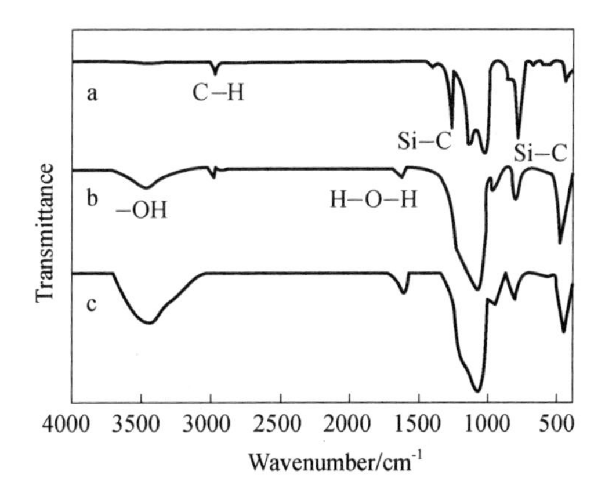

图3.2.4　样品MTMS4（a）、TMOS4（b）和MTMS4（c）经过500℃处理1h后的红外图谱

3.2.2　弹性气凝胶的力学性能

由于孔隙率高及胶粒间交联度低，传统的SiO_2气凝胶脆性很大，所能承受的压力非常小。而由MTMS制备出的气凝胶对压力

的承受力得到很大改善，具有良好的弹性性能。样品的应力 - 应变曲线如图 3. 2. 5 所示。样品的压缩测试参数见表 3. 2. 2。样品 TMOS4 出现了脆性断裂的现象，应变为 20% 左右时样品产生了局部开裂；应变达到 48% 时样品大部分已经开裂，未开裂的部分被压实。而 MTMS 气凝胶的应力 - 应变曲线没有出现脆性断裂的现象，表现出更好的韧性。实验中测试的四个 MTMS 气凝胶样品能压缩到 60% 左右而均未开裂，且压力释放后样品都可以部分回复。100℃左右热处理一段时间后样品会继续回复。其中，密度较大的 MTMS3 与 MTMS2 两个样品的弹性性能好，热处理后几乎完全反弹。由样品的应力 - 应变曲线及压缩测试图（图 3. 2. 6）可知，样品 MTMS3 表现出良好的弹性性能，其压缩量为 60%，压力释放后尺寸能够回复到压缩前的 70%，100℃热处理 30min 后能回复到压缩前的 93%。

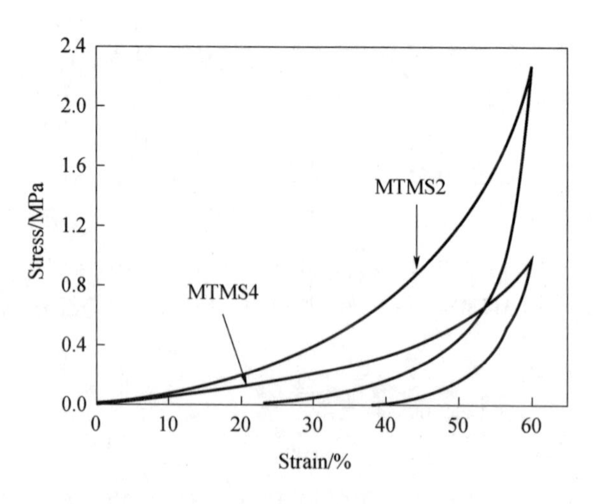

图 3. 2. 5　样品的应力 - 应变曲线

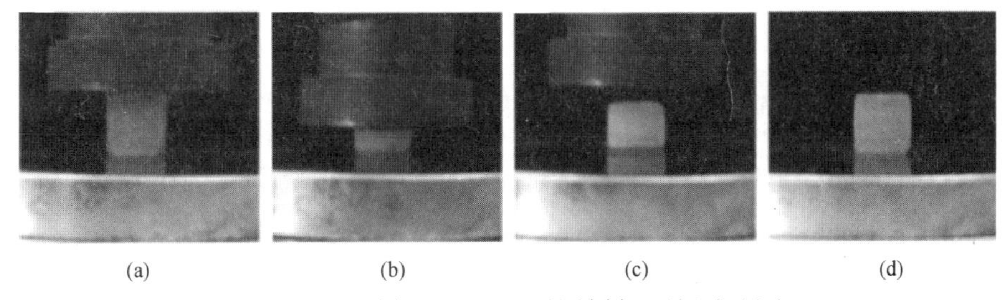

(a) (b) (c) (d)

图 3. 2. 6　样品 MTMS3 的单轴压缩测试图

MTMS 气凝胶之所以有较好的弹性性能是因为：（1）每个硅原子上多只有三个硅氧键，交联度低，使得 MTMS 气凝胶比传统的 SiO_2气凝胶有更大的韧性；（2）低浓度的硅羟基减少了不可逆的收缩，而传统的 SiO_2气凝胶硅羟基数量较多，当凝胶在常压干燥过程中收缩时，会进一步形成硅氧键，这样就导致了永久性不可逆收缩，甚至产生不均匀或过大的应力而导致开裂；（3）大量的甲基均匀分布在 MSQ 气凝胶的网络结构中，当受压发生收缩时甲基会相互排斥，有利于气凝胶的回复。热处理后凝胶能够继续反弹的原因是：当凝胶被压缩时，其柔软而连续的骨架经受大的变形而向孔内折叠，热处理后骨架将会膨胀，有利于骨架的舒展进而使凝胶反弹。

表 3. 2. 2　样品的压缩测试参数

Samples	Young's modulus [a]/MPa	Final stress [b]/MPa	Final strain [c]/%	Recovery ratio/%	Final recovery ratio[d]/%	Damage observation
MTMS2	0. 98	2. 28	60	78	94	No cracks
MTMS3	0. 84	1. 51	60	70	93	No cracks
MTMS4	0. 67	0. 98	60	62	69	No cracks
MTMS5	0. 52	0. 65	60	62	71	No cracks
TMOS4	0. 73	0. 94	42	—	—	Cracks

a Calculated as the initial slope of stress – strain curve; b Stress in the end of the compression; c Strain at final stress; d The recovery ratio after

图3.2.7为压缩模式下MTMS气凝胶的DMA测试曲线，由图可知，在相同温度下密度越大储能模量越大。在常温下（35℃），在测试的四个样品中，MTMS5的储能模量小（0.71MPa），MTMS2的储能模量大（2.1MPa）。在常温到230℃之间，气凝胶材料中物理吸附的水分子逐渐脱去，网络结构基本保持不变，样品的弹性模量变化幅度较小，其中，温度低于150℃时有小幅增加，在150～230℃之间略有下降。这与tanδ在180℃附近有一较大的峰相吻合，该峰表明在这个温度附近材料经历了软化的过程。温度高于230℃时，材料内相邻的残余硅羟基和硅烷氧基会进一步缩合，生成新的硅氧键，增强了气凝胶的网络结构，使样品的储能模量都有大幅度的增加，刚性增强。所测样品在温度达到350℃时，储能模量变为常温下的2～3.5倍。其中，MTMS3常温下的储能模量为1.5MPa，350℃下的储能模量增加到4MPa。

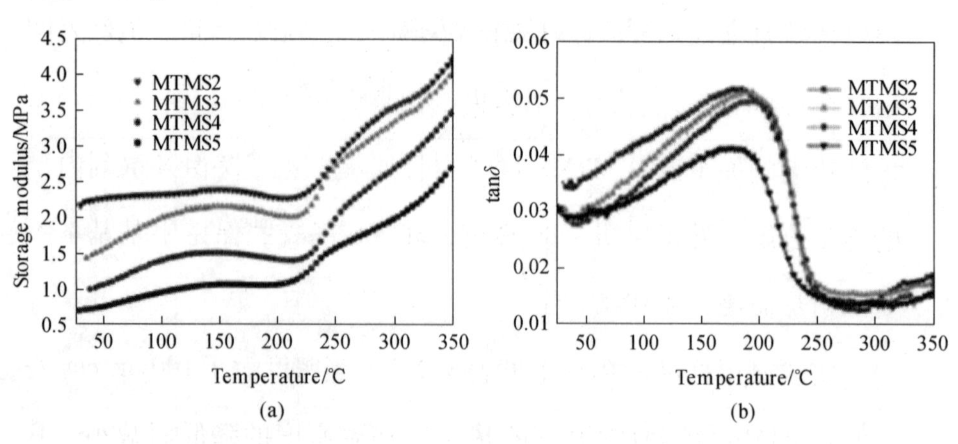

图3.2.7 MTMS气凝胶的动态力学性能分析（DMA）

3.2.3 弹性气凝胶的热学性能

图3.2.8为样品MTMS2与TMOS4的DSC/TGA曲线。对于样品TMOS4，150℃之前有一个较大的失重（大约6%），这主要是由材料内水分子的脱附引起的。第二个显著失重发生在250～325℃之间，失重约3%，这是由于材料内骨架上残留的烷氧基被氧化并替代为质量更轻的羟基。温度高于325℃时，由于烷氧基继续氧化及硅羟基之间的缩合，样品继续失重约5%。温度达到600℃后，样品质量趋于稳定。对于样品MTMS2，温度低于250℃时，热失重很小。在250～325℃之间，失重约为1.5%，小于TMOS4在这个温度区间的失重。这是由于MTMS三官能团的结构使残留的烷氧基更少。样品MTMS4显著的失重发生在437～575℃之间，失重约7%，对应的热流曲线在这个温度区间连续出现了七个尖锐的峰。从前面的红外分析中已经得出，MTMS气凝胶保持甲基基本不变的耐热温度在400℃与500℃之间。由红外图谱并对照MTMS2与TMOS4热失重曲线，可以得出，437～575℃之间较大的失重源自MTMS材料内骨架上大量甲基由外层到内层的逐步分解。并可以进一步确定，MTMS气凝胶保持甲基基本不变的耐热温度在440℃左右。

实验测得样品的热导率见表3.2.1。当密度大于100mg/cm^{3}左右时，MTMS气凝胶常温下的热导率随着密度的降低而减小。其中MTMS4的热导率为0.028W/（m·K），同TMOS4的热导率相差不大［TMOS4 的热导率为 0.027W/（m·K）］。这说明 MTMS 气凝胶同传统的 SiO_2 气凝胶一样，具有良好的保温隔热性能。

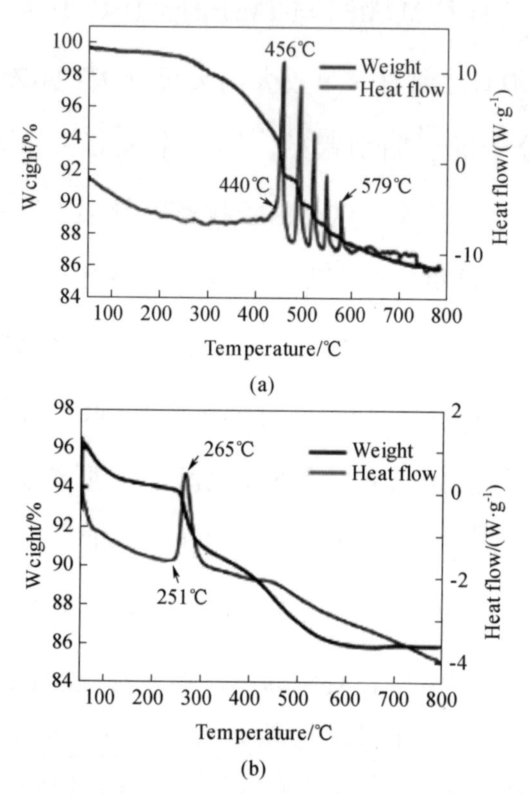

图 3.2.8　样品 MTMS2（a）与 TMOS4（b）的 DSC/TGA 曲线
（升温速率为 10℃/min，气氛为空气）

气凝胶总热导率为固态热导率、气态热导率、辐射热导率和固体与气体间耦合热导率之和。制备的 MTMS 气凝胶之所以有低的热导率是因为：（1）骨架颗粒较小，由纤细的纳米网络结构组成，因此其固态热导率非常小；（2）其孔径主要分布在 10～30nm 之间，小于空气中主要分子的平均自由程（空气中主要成分 N_2、O_2 等分子的平均自由程都在 70nm 左右），这样孔隙内的气体分子很难发生碰撞，因此当热量传递时产生的气态热传导很小；（3）在常温常压下辐射热导率对总热导率的贡献很小。综合以上三个因素可知，该气凝胶的总热导率较低。

3.2.4 研究结论

以甲基三甲氧基硅烷（MTMS）为硅源、水为溶剂，采用酸碱两步法和乙醇超临界干燥法制备出了接触角为154°的透明、块体气凝胶，其热导率低，可达到0.028W/（m·K），具有良好的保温隔热性能。均匀分布着大量甲基的纳米网络结构具有良好的机械性能，可使MTMS气凝胶在常温下具有较大的弹性和抗压能力（压缩60%后可恢复到原长的78%，经热处理后反弹到原长的94%），而这正是传统的SiO_2气凝胶所不具备的。其储能模量在常温到230℃之间比较稳定，在230～350℃之间随着温度的升高而显著增加。该凝胶在空气中的耐热温度为440℃左右，继续升温时材料中的甲基将逐步氧化分解。利用本方法能较简单地制备出力学性能较好的气凝胶，有利于气凝胶的工业化生产应用。

同济大学这项研究，不但对实验的内在原因进行了分析说明，更对气凝胶的宏观性能的影响做了清楚的分析，这对气凝胶的应用研究是十分有益的，因为它充分解析了气凝胶表象和本质的关系。

3.3 气凝胶节能玻璃应用设想

3.3.1 北欧观景玻璃屋

黑暗夜空突然被奇妙的光束点亮，光束在夜空中旋转、弯曲、扭转，仿佛上演了一场多彩而神秘的弥天大戏，这就是极光（图3.3.1）。极光难以捉摸又异常空灵，宛如通天的霓虹在极地的天空中旋转变幻，惊险、刺激、神奇。对很多人而言，亲眼目睹北极极光时那种激动的心情是无以名状的。当你站在山丘之巅，极目苍茫荒凉的雪野，这份感受绝非笔墨能够形容，那种激动会实实在在地冲击着你的心灵，且让你终生难忘。

北极极光的幻彩吸引了不少前去旅游的人们。不论是芬兰的罗瓦涅米、瑞典的基律纳阿比斯库国家公园，挪威的阿尔塔、罗弗敦群岛，俄罗斯的摩尔曼斯克，阿拉斯加的费尔班克、塔基那城，还是冰岛或格陵兰岛，都在努力打造更舒适的极光观赏住宿设施（酒店、旅馆、木屋、民宿），吸引着来自世界各地的极光

图 3. 3. 1　极光

客，而最吸引人的便是旅客们下榻的住处——冰雪中的玻璃小屋了。

芬兰至少有四处度假村和酒店建有玻璃屋，其中以卡克斯劳塔宁度假村的玻璃屋最负盛名。20 世纪 90 年代，芬兰发明内嵌金属丝加热的玻璃，解决了玻璃屋顶积雪问题，度假村很快就修建了第一代玻璃穹顶房间。如今，木屋与玻璃屋“混搭”的第三代观赏极光房即将问世，而作为玻璃加工的工程师，要为来自全球的极光客配备什么样的玻璃呢？

先看看已有的玻璃屋，如图 3. 3. 2 ~ 图 3. 3. 4 所示，虽然各种样式的玻璃屋都可以有，但它们都需要玻璃，最好还是既保温又通透的玻璃！比 Low – E 中空玻璃保温更好的就是透明气凝胶玻璃了。气凝胶玻璃中因为使用了透明的气凝胶材料，将空气都凝固了，所以无论这种玻璃处于什么安装角度，都能确保其良好的保温性能。而普通中空玻璃即使灌充了氩气，以水平或近乎水平的角度安装使用时其保温性能都有不小的衰减，这是因为中空玻璃水平状态时其内部的气体缺少了竖向的阻滞，在中空玻璃两面有温差时更易形成微对流，这就增加了导热、降低了保温性能。

图 3. 3. 2　玻璃小屋 1

图 3. 3. 3　玻璃小屋 2

图 3.3.4　玻璃小屋 3

3.3.2　场馆用气凝胶节能玻璃幕墙

透明气凝胶玻璃倒是可以胜任北极的玻璃屋（这本来就是用在宇宙飞船和空间站的材料），而另一种气凝胶玻璃——采光型气凝胶玻璃则可能有更大的用途——体育场馆。

散落在北极寒冷的冰雪中的玻璃屋的造型，对我们有着很多启示：寒冷的自然环境以及穹顶状的玻璃屋造型。同样在寒冷中进行的冰雪运动的场馆能否借鉴玻璃屋呢？如果冰雪运动的场馆也建成巨大的穹顶，安装白色的气凝胶玻璃，那与自然是多么的匹配啊！拥有这样的气凝胶玻璃的场馆如果就是 2022 年北京冬奥会的场馆，那又是怎样美妙新奇又令人激动啊！

气凝胶玻璃幕墙已有的形式有两大类：一是粉末灌充得到的

采光型气凝胶玻璃，二是透光透视的整体气凝胶玻璃。采光型气凝胶玻璃外观类似磨砂玻璃，无法透过玻璃观察玻璃背后的景物，但其采光的均匀程度非常高，对柔光和空间光均匀度要求高的室内最为理想。采光型气凝胶用于采光顶、墙体玻璃是能达到柔光灯的均匀效果的，既不会像普通玻璃直接透光后那样刺眼，也没有阴影，整个空间通体明亮、柔和温馨，可用于室内训练馆、比赛场馆、运动中心及高级工作、休闲场所，也适用于建筑采光顶玻璃，不会有刺目的日光直射，也没有阴影，白天也可营造柔和高雅的光空间。同时采光型气凝胶能大幅提高玻璃的保温性能，整体更加环保。透光又透视线的气凝胶玻璃中的气凝胶是一体化的整体，类似于普通中空玻璃，其应用几乎没有限制，只是目前价在高位，其用者寡。但作为新产品绝对是上好的东西，因为这种气凝胶玻璃一下子综合了太多的新性能，比如提升保温、隔声更好、防火甚至防爆等，集各种优点于一身。

下面我们来看一个具体的应用项目（图 3. 3. 5、图 3. 3. 6）。

2022 年北京举办冬奥会，场馆的玻璃就可以选用气凝胶玻璃，底层的可以用透视线的，高层的可以用采光型的，场馆的建筑效果就会特别美，性能也很棒，同时又贴切冰雪运动的主题。来自世界各地的人们在看比赛、游北京的同时，更能感受到科技和新奇。气凝胶玻璃可以为奥运增辉，也是我们的期待。

图 3. 3. 5　气凝胶玻璃应用 1

图 3. 3. 6　气凝胶玻璃应用 2

参 考 文 献

[1] S. T. Mayer, R. W. Pekala, J. L. Kaschmitter. The aerocapacitor: an electrochemical double - Layer energy - storage device [J]. Journal of the Electrochemical Society, 1993, 140 (2): 446 - 451.

[2] Sai S. Prakash, C. Jeffrey Brinker, Alan J. Hurd, et al. Silica aerogel films prepared at ambient pressure by using surface derivatization to induce reversible drying shrinkage [J]. Nature, 1995, 374 (6521): 439 - 443.

[3] 沈军，王珏，甘礼华等. 溶胶 - 凝胶法制备 SiO_2 气凝胶及其特性研究 [J]. 无机材料学报，1995，10 (1): 69 - 75.

[4] 张拴勤，王珏，沈军等. 新型惯性约束聚变靶材料碳气凝胶研制 [J]. 原子能科学技术，1999，33 (4): 305 - 307.

[5] 秦仁喜，沈军，吴广明等. 碳气凝胶的常压干燥制备及结构控制 [J]. 过程工程学报，2004，4 (5): 429 - 433.

[6] 张煜，曹建新，聂登攀等. 制备条件对 SiO_2 气凝胶孔结构的影响 [J]. 稀有金属材料与工程，2009，38: 350 - 353.

[7] 卢斌，郭迪，卢峰. SiO_2 气凝胶透明隔热涂料的研制 [J]. 涂料工业，2012，42 (6): 15 - 18.

[8] 刘文洋. 透明 SiO_2 气凝胶的制备与性能研究 [D]. 绵阳：西南科技大学，2016.

[9] 卢斌，卢孟磊. 一体化透明绝热 SiO_2 气凝胶复合玻璃：中国，102180603A [P]. 2011 - 09 - 14.

[10] 祖国庆，沈军，倪星元等. 常压干燥制备高弹性气凝胶 [J]. 功能

材料，2011，1（42）：151－154.

［11］曹玲. 寻找宇宙尘埃，证明我们自己［J］. 科学世界，2006，9.

［12］Mark Miodownik 著. 赖盈满译. 迷人的材料［M］. 北京：北京联合出版公司，2015.

［13］张鑫，王毓薇，白志鸿等. 纳米气凝胶与常用管道保温材料的性能对比［J］. 油气储运，2015，34（1）：77－80.

［14］李雄威，段远源，王晓东. SiO_2气凝胶高温结构变化及其对隔热性能的影响［J］. 热科学与技术，2011，10（3）：189－193.

［15］潘剑凯. 浙大实验室诞生超轻气凝胶堪称世界上最轻的固体材料［N］. 光明日报，2013－03－20（10）.

［16］丙宸. 世界最轻材料　中国造——“碳海绵”或成材料领域新宠［J］. 科学之友，2013，6：8－9.

［17］祖国庆，沈军，邹丽萍等. 弹性气凝胶的制备及其力学、热学性能研究［J］. 无机材料学报，2014，29（4）：417－422.